职业教育旅游服务与管理类专业系列教材

◎主 编

李静珠 毛金春

◎副主编

蒋银银 钟 晓 张丹颖

◎参 编

汪旭琦 王碧瑜 赵华江

孙妍丽 黄 芳 陈 丹

邹红芳 章丽丽 王琴璐

餐巾杯花艺术

電子工業出版社

Publishing House of Electronics Industry

北京·BEIJING

内 容 简 介

餐巾杯花艺术是指尖上的艺术。一块布、一个杯、一双手、一个构思，布已经不再是单纯的布。它自此有了故事，有了寓意，有了折布人对它心血的付出和期盼，有了鲜活的生命，成就了我们精致美好的餐桌艺术。

全书共三章，第一章为“追本溯源　知餐巾”，介绍餐巾及餐巾折花的相关理论知识。第二章为“根深柢固　折餐巾”，介绍餐巾折花的基本技法及经典实例，介绍实物、植物、动物三大类餐巾折花的意象解析的分解步骤。第三章为“匠心独运　赏餐巾”，从美学的角度，从色彩、构图、造型、搭配等方面全方位地感受餐巾折花之美。本书所选花形均为时下高档宴席中使用的流行品种，图片丰富，图解详细，真正“手把手”式传授，可帮助学习者迅速掌握操作技巧。

本书一花一码，每款餐巾花都有一个视频教程，只要扫书中相应的二维码即可观看每款餐巾折花的视频讲解，形象、生动，操作性强。

本书适合作为各高职、中职院校旅游服务类专业教材，还可作为饭店行业岗位培训教材。

图书在版编目（CIP）数据

餐巾杯花艺术 / 李静珠，毛金春主编 . —北京：电子工业出版社，2020.10

ISBN 978-7-121-39707-3

Ⅰ . ①餐… Ⅱ . ①李… ②毛… Ⅲ . ①餐馆—装饰 Ⅳ . ① TS972.32

中国版本图书馆 CIP 数据核字（2020）第 189452 号

责任编辑：王志宇　　　文字编辑：蔡家伦
印　　刷：北京虎彩文化传播有限公司
装　　订：北京虎彩文化传播有限公司
出版发行：电子工业出版社
　　　　　北京市海淀区万寿路 173 信箱　邮编　100036
开　　本：787×1 092　1/16　印张：6.75　字数：172.8 千字
版　　次：2020 年 10 月第 1 版
印　　次：2024 年 8 月第 5 次印刷
定　　价：38.00 元

凡所购买电子工业出版社图书有缺损问题，请向购买书店调换。若书店售缺，请与本社发行部联系，联系及邮购电话：（010）88254888，88258888。

质量投诉请发邮件至 zlts@phei.com.cn，盗版侵权举报请发邮件至 dbqq@phei.com.cn。

本书咨询联系方式：（010）88254523，wangzy@phei.com.cn。

前　言

PREFACE

餐饮服务业从未像今天这样在不断发展的经济领域中占据着如此重要的地位。

餐巾折花，从最开始的卫生保洁、宾主位置的区分，到美化环境、烘托就餐气氛，再到作为美的使者，从感受美、传递美到创造美，不断升级。

全书共三章，第一章为“追本溯源　知餐巾”，介绍餐巾及餐巾折花的相关理论知识。第二章为“根深柢固　折餐巾”，介绍餐巾折花的基本技法及经典实例，从实物、植物、动物三个大类对餐巾折花的意象解析和分解步骤进行介绍，由浅入深，循序渐进，通过实训教学，实现知识的内化和技能的提升。第三章为“匠心独运　赏餐巾”，从美学的角度，从色彩、构图、造型、搭配等方面全方位地感受餐巾折花之美。

本书一花一码，每款餐巾花都有一个视频教程，只要扫书中相应的二维码即可观看每款餐巾折花的视频讲解，形象、生动，操作性强。我们精选了 10 款实物造型、20 款植物造型、25 款动物造型以及 10 台主题餐巾折花，进行赏析。

我们希望能帮助开设旅游服务与管理类专业的职业院校教师和各饭店企业的培训师，在实际的教学和培训工作中给予餐巾美学的引领和技术指导，同时也能为课堂内外的学生创设良好的学习体验和美学熏陶。

本书由宁波市教育局职成教教研室李静珠和奉化区工贸旅游学校毛金春担任主编，奉化区工贸旅游学校蒋银银、钟晓，宁波市甬江职业高级中学张丹颖担任副主编，宁波各市区县中职学校的教师参与编写。第一、二章由李静珠、毛金春、钟晓、蒋银银、张丹颖参与设计、编写、拍摄和制作。第三章由毛金春、章丽丽、邹红芳、赵华江、黄芳、王碧瑜、王琴璐、汪旭琦、孙妍丽、陈丹设计、制作、编写完成。

本书的编写得到了宁波市中职学校各旅游专业老师的大力支持，在此一并表示感谢。

由于编者水平和时间有限，书中难免有不足之处，敬请专家和读者指正。如有反馈意见，请发邮件至 63809997@qq.com。

编　者

目　　录

CONTENTS

第一章

追本溯源　知餐巾

第一节　餐巾起源与发展

餐巾，又称口布、茶布、席布等，是餐厅中供宾客用餐时的一种专用保洁方巾。

在中国古代，将餐巾称作巾、幂，其作用主要是遮盖食物。根据场合、人物身份的不同，幂的选择也不同。《周礼·天官》记载：“幂人掌共巾幂。祭祀，以疏布巾幂八尊，以画布巾幂六彝，凡王巾皆黼。”到了清朝，餐巾的用处就成了围嘴，而且是皇家贵族才有的东西。宫廷筵宴日渐排场讲究，餐巾或饭单便成为帝后生活中不可或缺之物。那时餐巾被称作怀挡，它属于具食类餐具。“怀挡”这个称谓专属于清代宫廷。它的一角有扣襻，便于套在衣扣上，只有皇帝才能使用明黄色绸缎、绣有龙凤图案的餐巾。怀挡一般为双层，里子为薄质素纺丝绸、素绫等，面料的材质则根据不同场合、不同节令、不同使用者而定。在年节、生育、寿辰、婚嫁和丧葬等重大场合，怀挡的材质和纹饰就会根据不同主题来确定。而从晚清开始就受到西方文化冲击的中国，在引入西餐厅后，也就沿用了西方的就餐礼仪。

在 16 世纪的英国，因为还没有剃刀，男人们都留着大胡子。在当时还没有刀叉的情况下，手抓肉食时很容易把胡子弄脏，他们便扯起衣襟擦嘴。于是，家庭主妇就在男人的脖子上挂块布巾，这是餐巾由来的一种说法。由于这种大块餐巾使用时过于累赘，英国伦敦一裁缝便将餐巾裁成一块块的小方块以方便使用，从而逐渐形成了现在宴席上用的餐巾。

现代我们使用的餐巾是一种中西合璧的产物，被广泛应用于各式餐厅服务中，成为餐厅和服务的一个重要组成部分。

第二节 餐巾的种类

1. 按餐巾的质地分

（1）纯棉织品餐巾：吸水性强，浆熨后挺括，易折成型，造型效果好，且手感舒适。但每次洗涤后需上浆、熨烫，且易褪色。纯棉织品餐巾如图 1-1 所示。

（2）棉麻混纺织品餐巾：质地比纯棉餐巾略硬，清洗过后不用上浆也能保持挺括。棉麻混纺织品餐巾如图 1-2 所示。

图 1-1 纯棉织品餐巾

图 1-2 棉麻混纺织品餐巾

（3）维萨餐巾：色彩鲜艳丰富、面料挺括、方便洗涤、不易褪色并且较为耐用，但吸水性和手感较差。维萨餐巾如图 1-3 所示。

（4）纸质餐巾：一次性使用，成本低，更换方便；但是不够环保，有时也有非正式和低档次的感觉。纸质餐巾如图 1-4 所示。

图 1-3 维萨餐巾

图 1-4 纸质餐巾

2. 按餐巾的颜色分

（1）白色餐巾：应用最广，给人以清洁、卫生、典雅、文静之感，它可以调节人的视觉平衡，可以安定人的情绪，在高档餐厅用得较为广泛，但是不耐脏。白色餐巾如图 1–5 所示。

（2）冷色调餐巾：给人以平静、舒适的感觉。主要包括浅绿色、浅蓝色、中灰色等。湖蓝色在夏天能给人以凉爽、舒适之感。冷色调餐巾如图 1–6 所示。

| 图 1–5 | 白色餐巾

| 图 1–6 | 冷色调餐巾

（3）暖色调餐巾：给人以兴奋、热烈、富丽堂皇、鲜艳醒目的感觉等，主要包括粉红色、橘黄色、淡紫色等。如大红色、粉红色餐巾给人以庄重热烈的感觉；橘黄色、鹅黄色餐巾给人以高贵典雅的感觉。暖色调餐巾如图 1–7 所示。

3. 按餐巾的规格分

餐巾规格的大小在不同的地区不尽相同。根据实际使用效果，45 ～ 50 cm 见方的餐巾折叠造型、实际使用较为普遍适宜。45 ～ 50 cm 餐巾如图 1–8 所示。

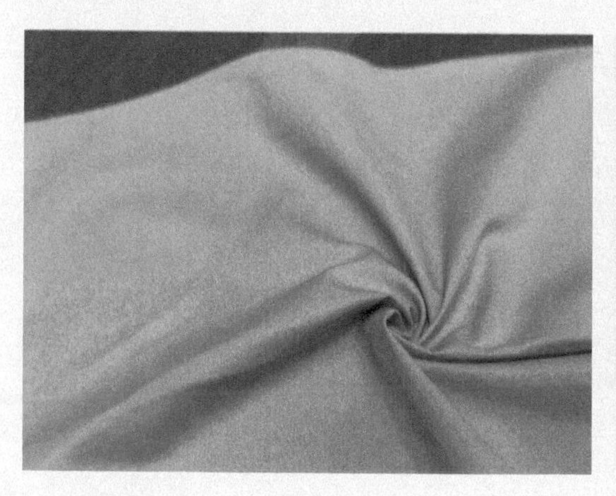

| 图 1–7 | 暖色调餐巾

| 图 1–8 | 45 ～ 50 cm 餐巾

4. 按餐巾的边缘形状分

餐巾边缘有平直形和波浪曲线形两种。平直形餐巾如图 1-9 所示，波浪曲线形餐巾如图 1-10 所示。

| 图 1-9 | 平直形餐巾

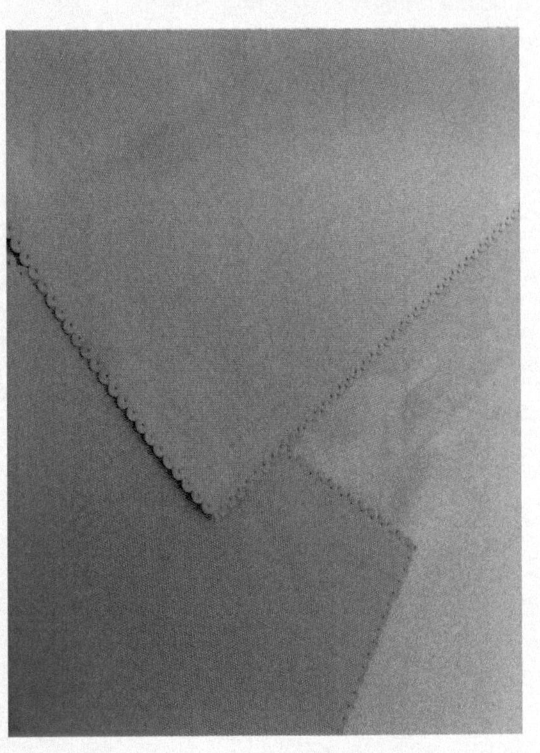

| 图 1-10 | 波浪曲线形餐巾

第三节 餐巾花的种类和特点

餐巾花，就是餐巾经餐厅服务员折叠成各种各样的造型，插入杯具中，或放置在盘碟内，作为餐台布置和装饰美化餐台的艺术装饰品，供客人在进餐过程中使用的一种卫生用品。餐巾折花是餐前的准备工作之一。

1. 按餐巾花的造型外观分类

（1）实物类

以自然界和日常生活用品中各种实物形态为原型，进行模仿而折成的餐巾花，如花篮、折扇等。实物类餐巾花如图 1-11 所示。

（2）植物类

包括各种花草和果实造型，如月季、荷花、玉米、竹笋、牡丹等。其折法变化多，造型美观，是餐巾花品种的一个大类。植物类餐巾花如图 1-12 所示。

| 图 1-11 | 实物类餐巾花

| 图 1-12 | 植物类餐巾花

（3）动物类

包括鱼、虫、鸟、兽造型，如鸽子、海鸥、孔雀、金鱼等。其造型逼真，生动活泼，但折叠方法较为烦琐，难度较大。动物类餐巾花如图 1-13 所示。

2. 按餐巾花摆放方式分类

（1）杯花

将折好的餐巾插入水杯或葡萄酒杯中，其特点是立体感强、形态逼真，但常用折、捏、卷等复杂手法，容易污染杯具，不宜提前折叠存储，从杯中取出后即散型，并且褶皱感强，目前已逐步被杯花所取代，如图 1-14 所示。

| 图 1-13 | 动物类餐巾花

| 图 1-14 | 杯花

（2）盘花

将折好的餐巾花直接放在餐盘中或台面上，其特点是手法简洁、卫生，可提前折叠，打开后平整，在西餐中使用广泛。盘花如图 1-15 所示。

（3）环花

折叠完成后套在餐巾环中的餐巾花。一般放在装饰盘上，也称特殊形式的盘花。餐巾环也称餐巾扣或席巾圈，可以是金属、陶瓷或塑料等材质，也可以用色彩鲜明、对比强烈的丝带代替，对餐巾花起到约束成型的作用。环花如图 1-16 所示。

| 图 1-15 | 盘花

| 图 1-16 | 环花

第四节 餐巾折花的作用

（1）装饰美化餐台气氛。不同的餐巾花形，蕴含着不同的季节和宴会主题。形状各异的餐巾花，摆放在餐台上，既美化了餐台，又增添了庄重热烈的气氛，给人以美的享受。装饰美化作用案例如图 1-17 所示。

| 图 1-17 | 装饰美化作用案例

（2）烘托餐台气氛，突显宴会目的。餐巾折花能起到无声语言的作用，会对宾主间的思想感情交流产生良好的效果，如寿宴、喜宴上的餐巾花。再如，折出比翼齐飞、心心相印的花形送给一对新人，则表达了永结同心、百年好合的美好祝愿；国宴上用餐巾折成喜鹊、和平鸽等花形表示欢快、和平、友好，给人以诚悦之感。烘托餐台气氛案例如图 1-18 所示。

（3）卫生保洁的作用。餐巾是餐饮服务中的一种卫生用品，可用来擦嘴或防止汤汁、酒水弄脏宾客的衣物。

（4）餐巾花形的摆放可标出主宾、主人的席位。在折餐巾花时应选择好主宾的花形，一般主宾花形高度应高于其他花形高度，以示尊贵。标识宾主案例如图 1-19 所示。

| 图 1-18 | 烘托餐台气氛案例

| 图 1-19 | 标识宾主案例

（5）沟通宾主之间感情的作用。花形的象征意义和寓意也是习俗的表现与要求。沟通宾主感情案例如图 1-20 所示。

| 图 1-20 | 沟通宾主感情案例

（6）在西餐宴会中，餐巾有很多信号的作用。在正式宴会上，女主人把餐巾铺在腿上是宴会开始的标志，这就是餐巾的第一个作用。餐巾可以暗示宴会的开始、结束。中途暂时离开时，则应将餐巾放在本人座椅面上。

（7）饭店服务艺术和情感化的表现。

第五节 餐巾折花的注意事项

（1）注意操作卫生。操作前应洗净双手，在干净的操作台面或在消毒过的托盘中进行。标准折花案例如图 1-21 所示。

（2）操作时不允许用嘴叼、口咬、下巴按，尽量避免讲话，以免唾液飞沫飞溅在餐巾上。手指不允许接触杯口杯身，不允许留下指纹。不规范折花案例如图 1-22 所示。

图 1-21 标准折花案例

图 1-22 不规范折花案例

（3）放花入杯时要注意卫生。正确落杯案例如图 1-23 所示。

（4）餐巾折花放置在杯中，应底部平整，落杯不超过三分之二处。标准落杯花形如图 1-24 所示。

图 1-23 正确落杯案例

图 1-24 标准落杯花形

（5）应尽量简化折叠方法，减少反复折叠次数。

第六节　餐巾礼仪

餐桌礼仪从餐巾开始。

（1）一般在正式宴会上，女主人把餐巾铺在腿上是宴会开始的标志；女主人把餐巾放在桌子上是宴会结束的标志。餐巾铺设常见案例如图 1-25 所示。

（2）一般在开餐前入座后，由服务员帮助或者自己来铺餐巾。把常规尺寸的餐巾正面朝上，往反面折三分之一，让三分之二平铺在腿上，盖住膝盖以上的双腿部分。不建议餐巾塞入领口（但在空间不大的地方，如飞机上可以如此），也不要压在桌上盘碟的下面。餐巾在就餐期间应当始终放在腿上。如果餐巾尺寸偏大，可以沿着对角线或者中线对折，将开口处对着自己，记得不要将餐巾塞进裤子的皮带里。餐巾铺设不规范案例如图 1-26 所示。

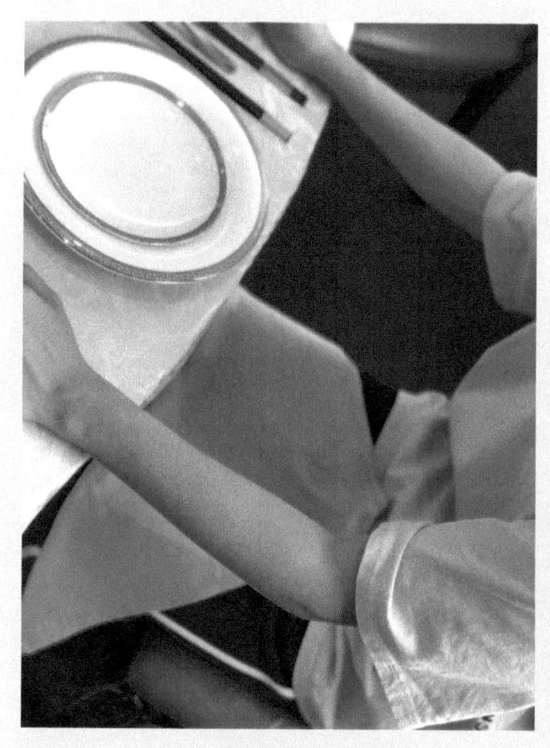

图 1-25　餐巾铺设常见案例

图 1-26　餐巾铺设不规范案例

（3）使用餐巾时，双手拿起餐巾，从开口处打开小口，用内侧部分轻轻点拍的方式代替来回擦拭嘴唇，女性朋友也不用担心口红印落在餐巾上。结束后，将餐巾合上。这样一来，食物和印渍留在餐巾的里面，从外面看你的餐巾永远是干净整洁的。餐巾擦拭案例如图 1-27 所示。

（4）如果你需要中途离开餐桌，可将餐巾放在椅子座位或椅子扶手上，但是不应该放在椅背上，因为那样餐巾会显得过于明显而欠优雅。中途离席时餐巾摆放案例如图 1-28 所示。

| 图 1-27 | 餐巾擦拭案例

| 图 1-28 | 中途离席时餐巾摆放案例

（5）如果遇到不好吃的食物或异物入口时，注意不要引起同桌吃饭的人的不快，但也不必勉强把口中的东西硬吃下去。最好的办法是用餐巾盖住嘴，赶紧吐到餐巾上，然后让服务生更换新的餐巾。餐巾使用特殊案例如图 1-29 所示。

（6）用餐完毕，餐巾应放在桌上。但要提醒大家的是，千万别把餐巾折叠得整整齐齐地放在餐桌上，这可是对菜肴表示不满的暗示。通用的做法是，把餐巾随意地放在餐桌上。搁餐巾的时机也有讲究，通常当女主人把餐巾放回桌上时，就表示用餐结束了。用餐结束时餐巾摆放案例如图 1-30 所示。

| 图 1-29 | 餐巾使用特殊案例

| 图 1-30 | 用餐结束时餐巾摆放案例

（7）如果桌子上的餐巾配有餐巾环，取出餐巾后，将餐巾环放在左上角。用餐结束时，抓住餐巾的中部，将其拉过餐巾环放在桌子上，并朝向桌子中央。用餐结束后，你需

要将脏污部分隐藏起来，并简单地折叠，让人一眼就能分辨出这是已经使用过的餐巾。用餐结束时环花餐巾摆放案例如图 1-31 所示。

| 图 1-31 | 用餐结束时环花餐巾摆放案例

第二章

根深柢固　折餐巾

第一节　基本技法

一、基本技法

（一）叠

叠即折叠，是餐巾折花中最基本的手法。

折叠时，将餐巾平放，一折为二、二折为四，可将餐巾叠成三角形、矩形、正方形、菱形、梯形等多种形状。餐巾基本技法（一）叠如图 2-1 所示。

| 图 2-1 | 餐巾基本技法（一）叠

叠的要领

折叠整齐、平整。分清正反面，算好折叠角度，提前做好构思，一次叠成，如重复折叠，会使餐巾留下折痕，从而影响美观。

（二）推

推即推折，将餐巾推折成不同的褶所运用的方法。

推折时，大拇指、食指、中指、无名指四者相互配合来回运作，大拇指、食指固定餐巾，中指、无名指控制间距。常见推折种类可分为直线推折、斜线推折和弧形推折三种。

1. 直线推折

双手大拇指相对成直线，大拇指、食指捏紧，中指、无名指控制间距，将餐巾平行往前推折。餐巾基本技法（二）直线推折如图 2-2 所示。

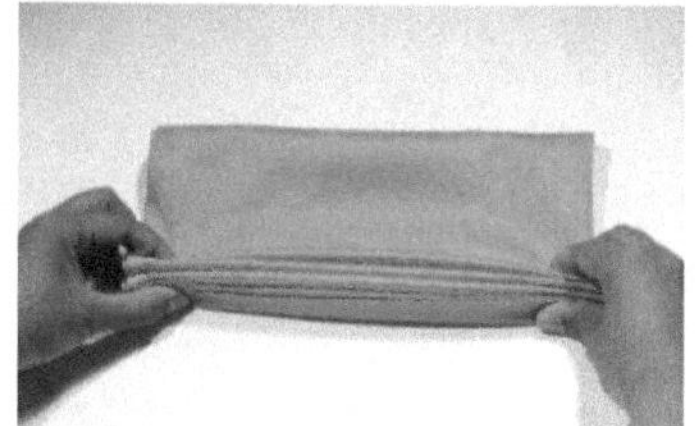
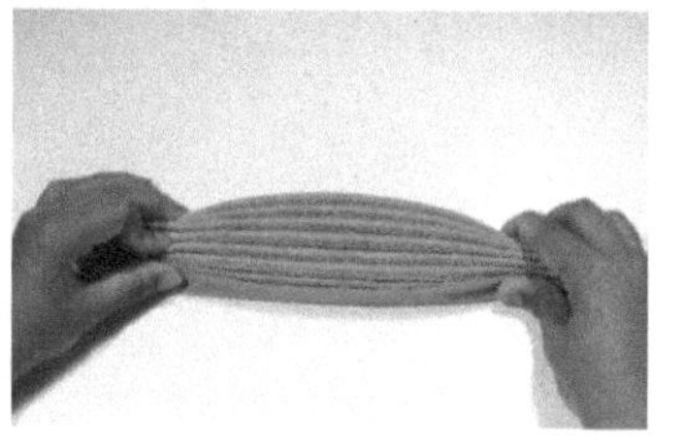

| 图 2-2 | 餐巾基本技法（二）直线推折

2. 斜线推折

双手大拇指相对成直线，大拇指、食指捏紧，中指、无名指控制间距，算好斜推角度，将餐巾侧向、倾斜往前推折。餐巾基本技法（二）斜线推折如图 2-3 所示。

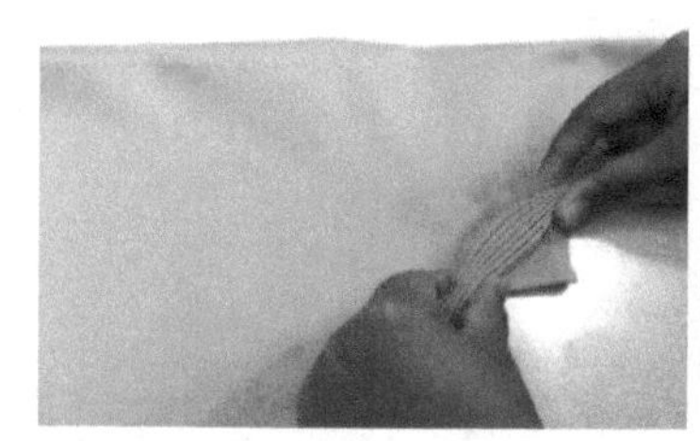

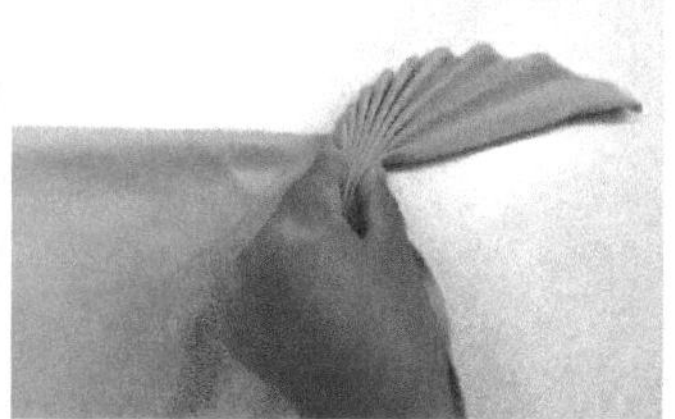

| 图 2-3 | 餐巾基本技法（二）斜线推折

3. 弧形推折

左手大拇指、食指捏紧餐巾一端，中指、无名指控制间距；右手中指、食指固定顶点中心，算好弧形推折角度，围绕顶点中心点将餐巾呈弧形往前推折，将餐巾推折成半圆形或圆形。餐巾基本技法（二）弧形推折如图 2-4 所示。

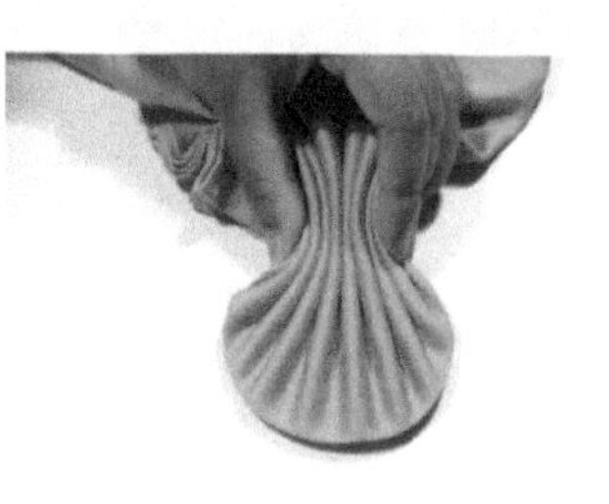

| 图 2-4 | 餐巾基本技法（二）弧形推折

推的要领

折痕均匀、平整。推折时尽量选用在光面折花盘中进行，手指配合默契、合理控制间距，保持推折出的褶匀称整齐。

（三）卷

卷即推卷，将餐巾卷成各种圆筒状，进而制出各种花形的一种手法。

推卷时，大拇指、食指与中指三者相互配合，将餐巾卷成各种圆筒状。常见卷的种类可分为平行卷和斜角卷两种。

1. 平行卷

双手大拇指相对成直线，拇指、食指捏紧拉直，中指控制方向，将餐巾平行往前推卷。餐巾基本技法（三）平行卷如图 2-5 所示。

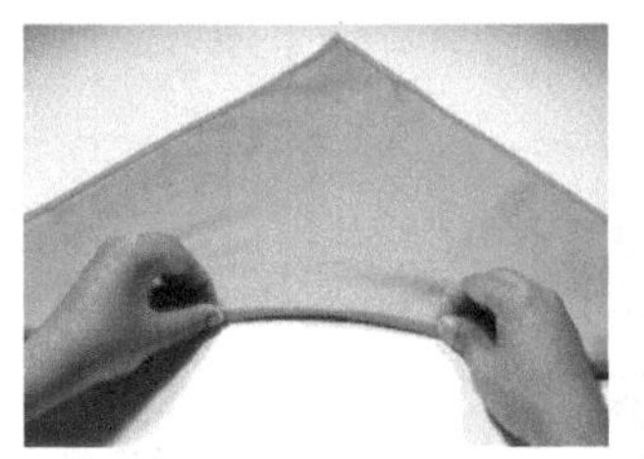
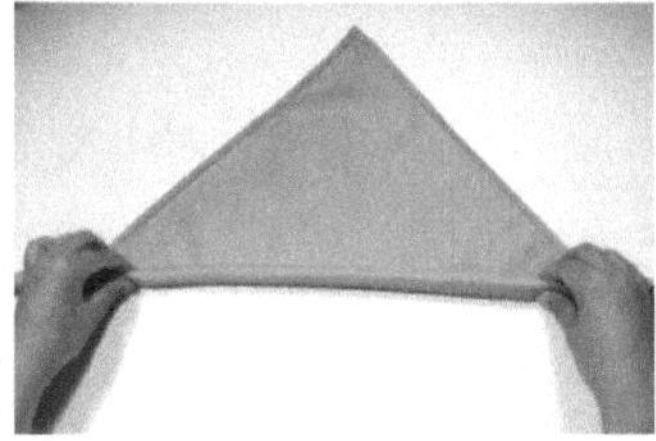

| 图 2-5 | 餐巾基本技法（三）平行卷

2. 斜角卷

右手大拇指、食指捏紧餐巾一端；算好斜卷角度，围绕顶点中心点将餐巾呈弧形往前卷，将餐巾卷成圆柱形或喇叭形。餐巾基本技法（三）斜角卷如图 2-6 所示。

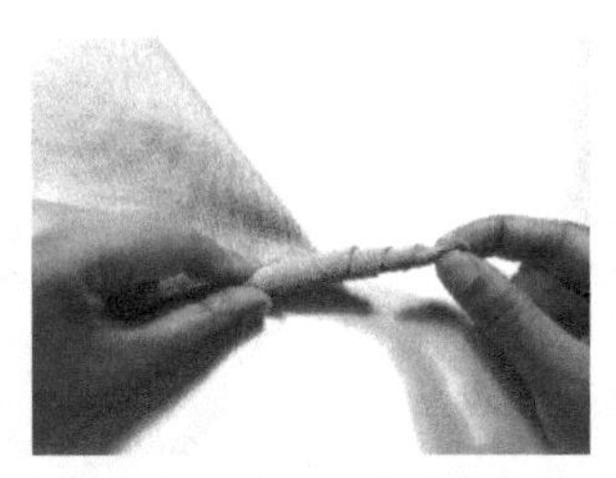

| 图 2-6 | 餐巾基本技法（三）斜角卷

卷的要领

卷挺、卷紧。根据花形预判卷的角度、力度、粗细，一次成型，卷挺、卷紧，控制手指的力度，避免松软。

（四）翻

翻即翻折，是在叠、推、卷的基础上，将餐巾翻成所需形状的方法。

翻折时，左手或右手大拇指、食指、中指相互配合，把初具形状的餐巾翻折成所需形状。餐巾基本技法（四）翻如图 2-7 所示。

图 2-7 餐巾基本技法（四）翻

翻的要领

大小、角度适宜。餐巾的翻折调整直接影响花形的美观，需根据花形预判翻折的大小、方向、角度，一次成型。

（五）拉

拉即拉伸，是在餐巾推、卷、翻的过程中为使花形挺拔而加以拉伸的一种手法。

拉伸时，在推、卷、翻的同时，双手用力往外或向上提拉，将餐巾拉成所需角度或形状。

此外，在制作叶子或鸟尾的造型时，为使花形挺拔、节约折花时间，翻和拉往往同时进行，在翻折的同时，根据所需方向进行拉伸。翻拉复合使用，才能制作出更显生动美观的餐巾花形。餐巾基本技法（五）拉如图 2-8 所示。

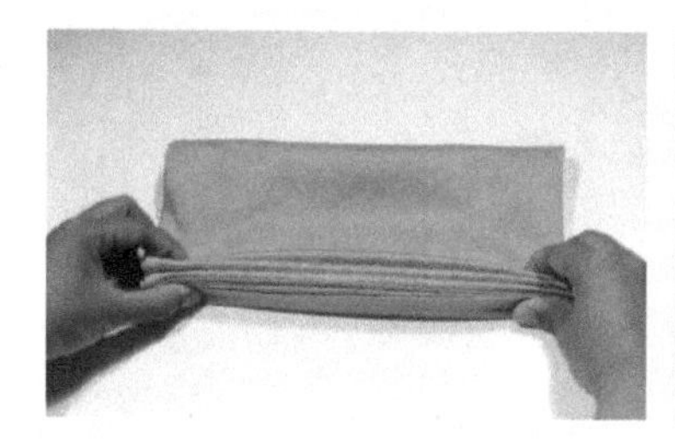
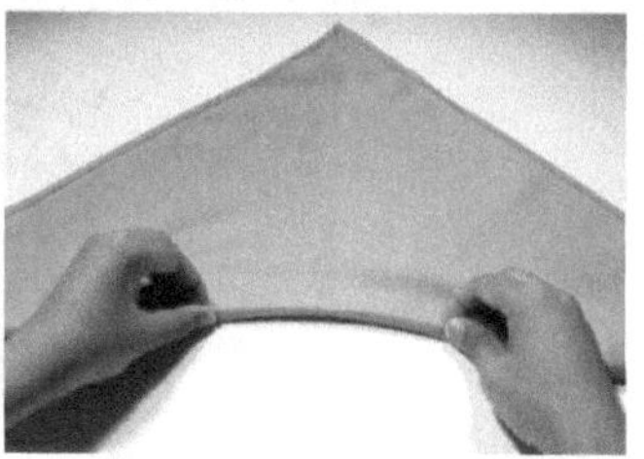

图 2-8 餐巾基本技法（五）拉

拉的要领

拉紧、拉直。拉的力度适宜，需根据花形预判拉的角度，要通过拉伸使餐巾造型更加挺拔、灵动，更显生气。

（六）捏

捏，主要是用于捏鸟头或其他动物头部时所运用的一种技法。

捏鸟头时，右手大拇指、食指、中指相互配合。首先，将餐巾角三角对折；其次，右手大拇指、中指捏住鸟头两边形成鸟颈；再次，食指将餐巾顶端尖角向下摁压形成鸟嘴；最后，大拇指、食指和中指捏住压下来的鸟嘴三角，用力摁压出折痕，成型。餐巾基本技法（六）捏如图 2–9 所示。

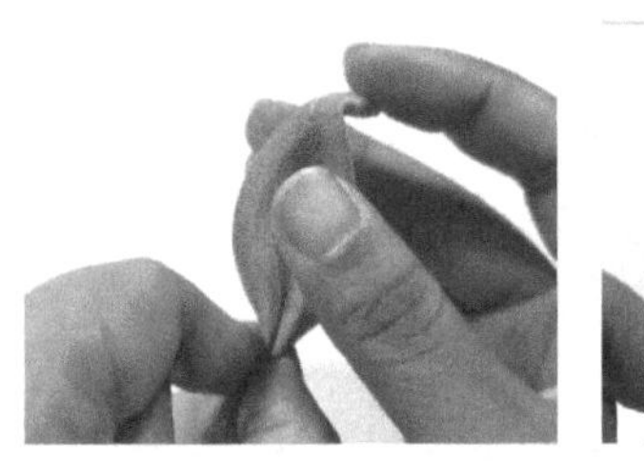

| 图 2–9 | 餐巾基本技法（六）捏

捏的要领

根据花名预判鸟嘴角度。捏鸟头过程中，首先将餐巾角三角对折，然后用食指摁压出所需巾角幅度，创作出鸟在仰视、平视、俯视时的不同状态，营造更加灵气、生动的造型效果。

（七）裹

裹即包裹，是餐巾折花最后的收尾动作，其平整程度直接影响到餐巾花入杯后的整体效果。

包裹时，应先将剩余部分理平后再进行包裹。包裹前需根据剩余部分长度预判向上翻折高度，以保证包裹部分落杯时不超过杯身三分之二。餐巾基本技法（七）裹如图 2–10 所示。

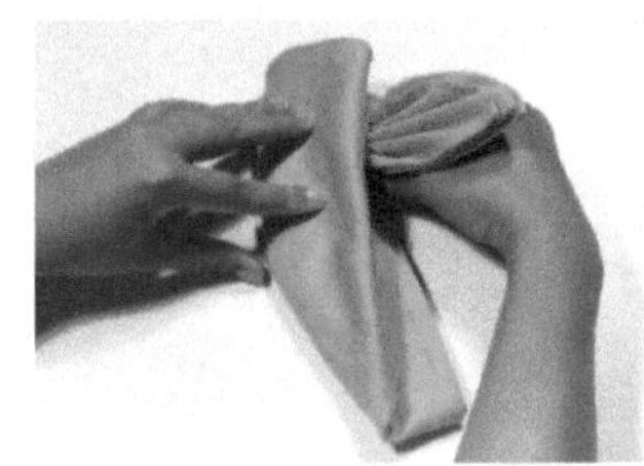

| 图 2–10 | 餐巾基本技法（七）裹

包裹的要领

先理平、后包裹。包裹时，向上翻折层数不宜过多或过少，应根据剩余部分餐巾层数厚度确定向上翻折层数，避免包裹太厚导致无法落杯或包裹太薄导致掉到杯底等现象。

二、必知秘技

在折花过程中，捏鸟头和包裹往往是大部分花形所需用到的技法之一，也是决定花形整体美观程度或灵动性的决定性因素。因此，捏鸟头和包裹是众多技法中最为关键的技法。

（一）捏鸟头

鸟头，是鸟类花形的灵魂，鸟嘴、鸟颈的状态直接影响着鸟类花形的精、气、神。捏鸟头时，我们往往分四步走：首先，将餐巾角三角对折；其次，将三角对折部分 S 形折叠；再次，根据所需花形提捏鸟颈，摁压出所需状态；最后，根据所需花形摁压鸟嘴，摁压出所需大小和朝向。通过手指的灵活配合，可以营造出鸟类花形高傲、欢快、疲倦、羞怯等不同的意境，使餐巾花形更显灵动。必知秘技（一）捏鸟头如图 2-11 所示。

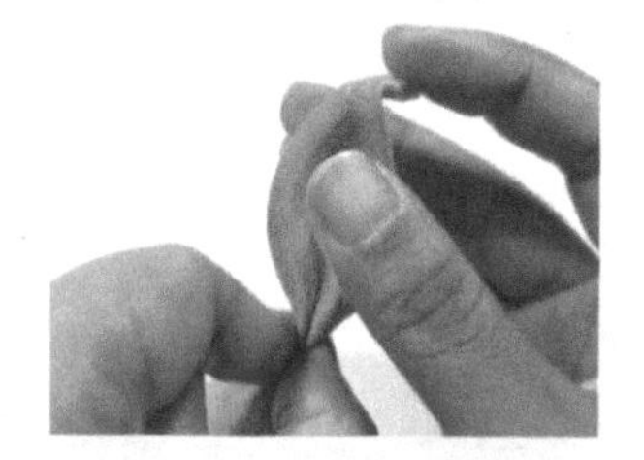

| 图 2-11 | 必知秘技（一）捏鸟头

技法关键

1. **高傲、欢快、啼唱状鸟头**

大拇指、中指用力将鸟颈下半部分向外提，中指控制鸟嘴，将餐巾角稍向下摁压出三角形，鸟嘴较小、鸟头朝上或朝前。高傲、欢快、啼唱状鸟头案例如图 2-12 所示。

2. **淡定、从容、镇定状鸟头**

大拇指、中指用力将鸟颈中间部分向外提，中指控制鸟嘴，将餐巾角稍向下摁压出三角形，鸟嘴较小，鸟头略向下或朝前。淡定、从容、镇定状鸟头案例如图 2-13 所示。

3. **疲倦、羞怯、睡意状鸟头**

大拇指、中指用力将鸟颈向上提拉，鸟颈前线拉直，鸟颈后线弯曲呈弓形，中指控制鸟嘴，将餐巾角稍向下摁压出三角形，鸟嘴稍大，鸟头朝下。疲倦、羞怯、睡意状鸟头案例如图 2-14 所示。

（二）包裹

包裹，是餐巾折花落杯前的关键步骤，包裹是否美观直接影响着花形最后呈现的整体效果。

| 图 2-12 | 高傲、欢快、啼唱状鸟头案例

| 图 2-13 | 淡定、从容、镇定状鸟头案例

| 图 2-14 | 疲倦、羞怯、睡意状鸟头案例

包裹时，根据餐巾不同造型，最后剩余部分可能呈现出三角形、菱形、方形或是不规则形等不同形状。包裹的方法没有固定标准，但是无论选用哪种包裹方法，都必须先将剩余部分整理平整后再进行包裹。并且，包裹前需根据剩余部分长度，预判向上翻折的高度，以保证包裹部分落杯时不超过杯身的三分之二。

1. 方形尾部包裹

方形尾部包裹案例如图 2-15 所示。

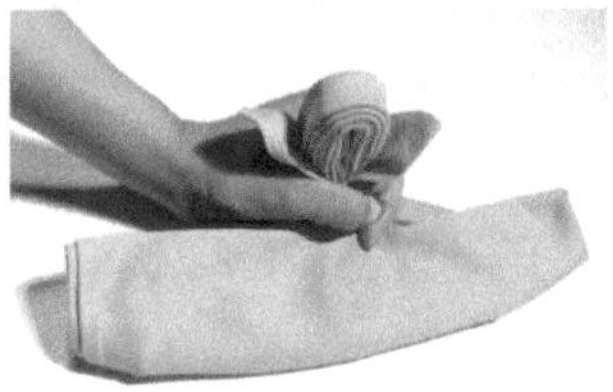

| 图 2-15 | 方形尾部包裹案例

方形尾部形状，一般较为平整，可根据预判翻折高度直接向上翻折、包裹成型。

2. 三角形尾部包裹

三角形尾部包裹案例如图 2-16 所示。

| 图 2-16 | 三角形尾部包裹案例

三角形尾部形状一般不太平整，包裹前须先理平剩余部分，然后再根据预判翻折高度向上翻折、包裹成型。

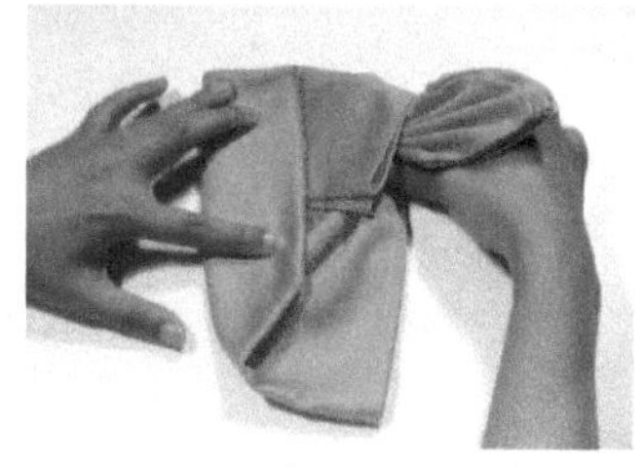
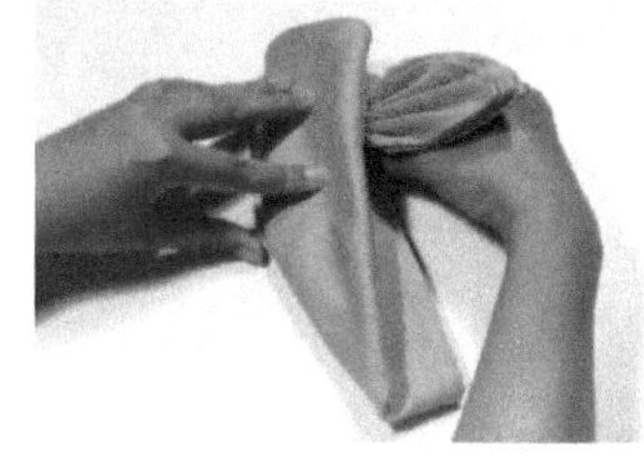

图 2-16　三角形尾部包裹案例（续）

3. 不规则形尾部包裹

不规则形尾部包裹案例如图 2-17 所示。

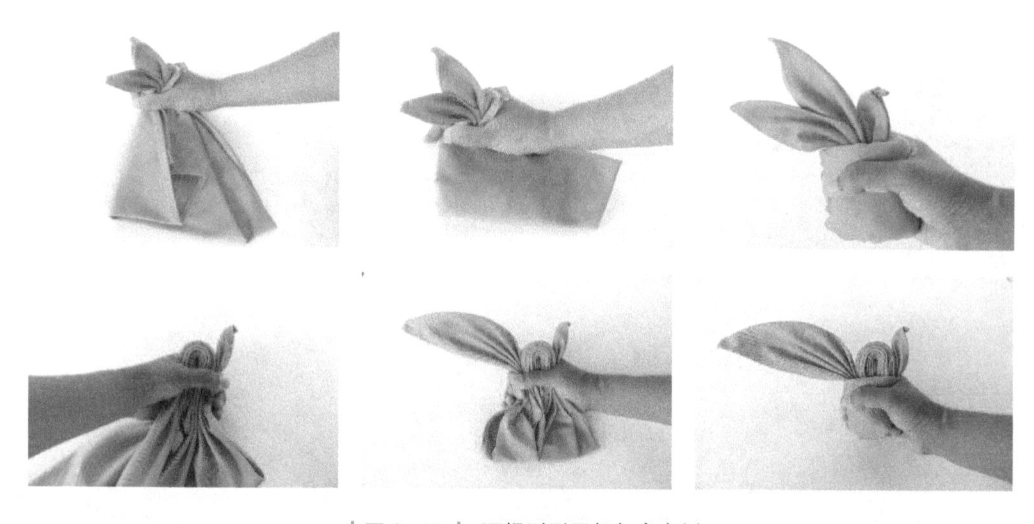

图 2-17　不规则形尾部包裹案例

不规则形尾部往往不太平整，而且方法不固定，包裹手法可综合方形和三角形尾部包裹手法，灵活运用。但在包裹前必须耐心，一定要先将尾部剩余部分整理平整后，再选用合适方法进行包裹。

技法关键

先理平后包裹。用左手五指贴紧餐巾，五指由中心向两侧展开，剩余部分将自然伸展，**两端翘起。**包裹技法关键如图 2-18 所示。

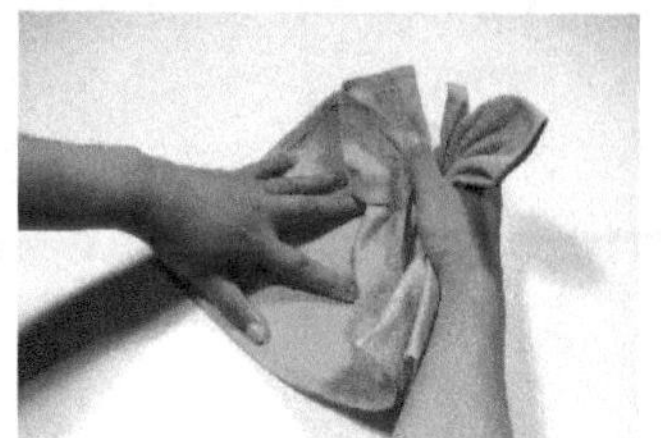

图 2-18　包裹技法关键

第二节 经典实例

一、实物类

（一）拱桥

意象解析

“拱桥”，此花形以桥为原型创意制作，象征着合作之桥、沟通之桥，有着和谐、和睦、和平和友好的美好寓意。

拱桥折花步骤如图 2-19 所示。

分解步骤

❶ 反面朝上，四方形对折

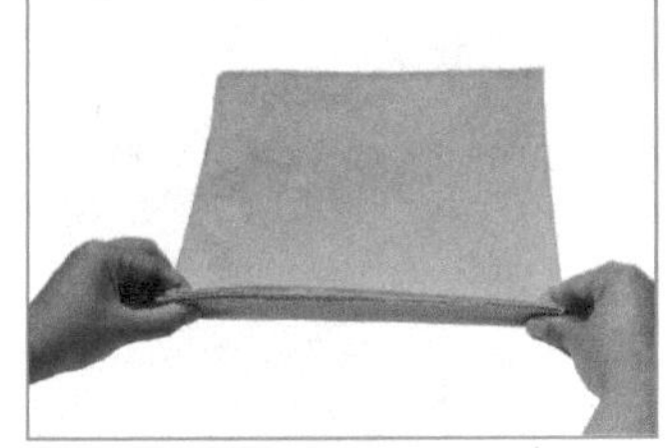

❷ 由前往后，平行推折

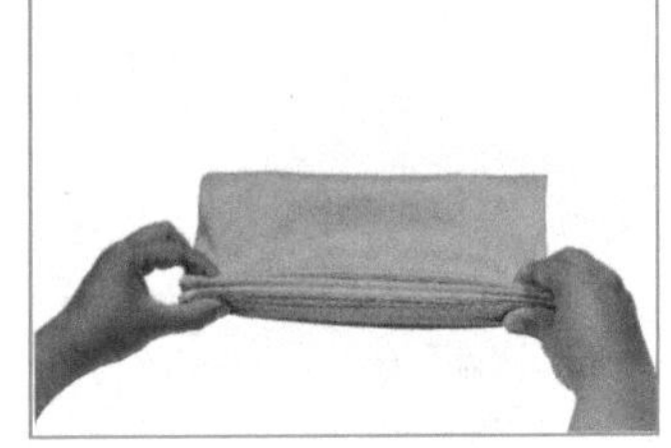

❸ 推折高度以 1.5 cm 为宜

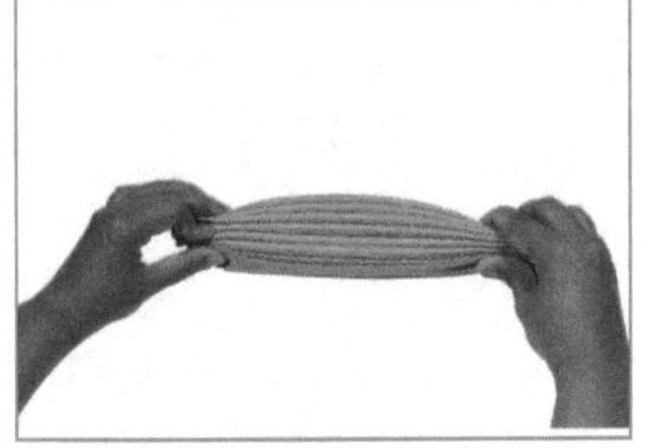

❹ 推折均匀，高度一致

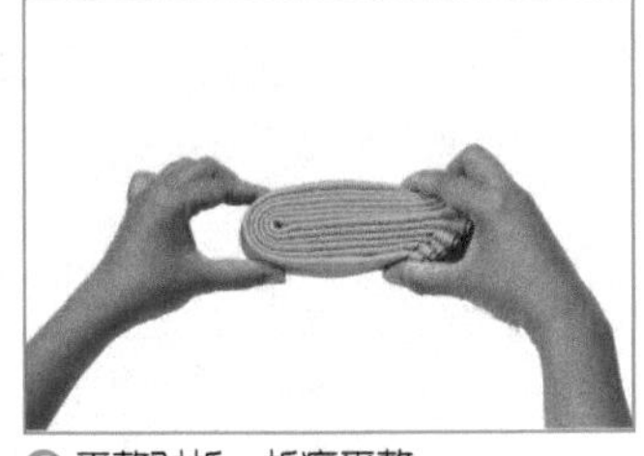

❺ 平整对折，折痕平整

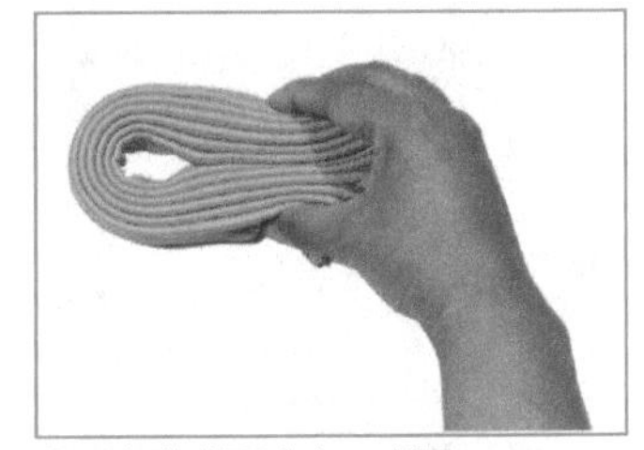

❻ 两拇指撑开中心，成圆

❼ 整理落杯，微调成型

图 2-19 拱桥折花步骤

拱桥折花视频

（二）一帆风顺

意象解析

“一帆风顺”，此花形以帆船为原型创意制作，象征着“船挂着满帆顺风行驶”，做人做事，非常顺利，没有任何阻碍。同时，也有着事业有成、安泰祥和的美好寓意。

一帆风顺折花步骤如图 2-20 所示。

一帆风顺折花视频

分解步骤

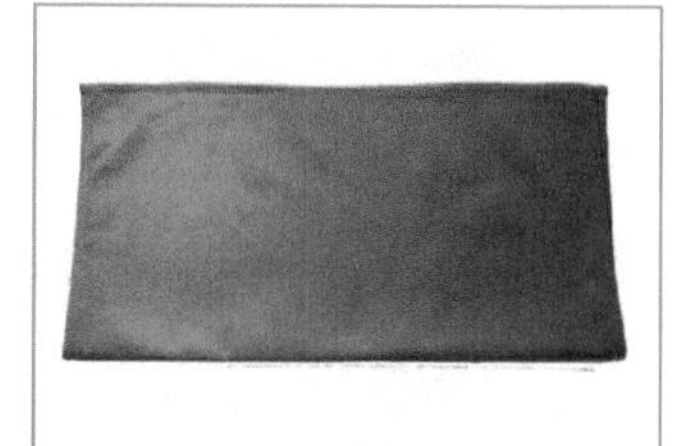

❶ 反面朝上，矩形对折

❷ 二次对折，四方形对折

❸ 向上翻折第一层，间隔 1 cm

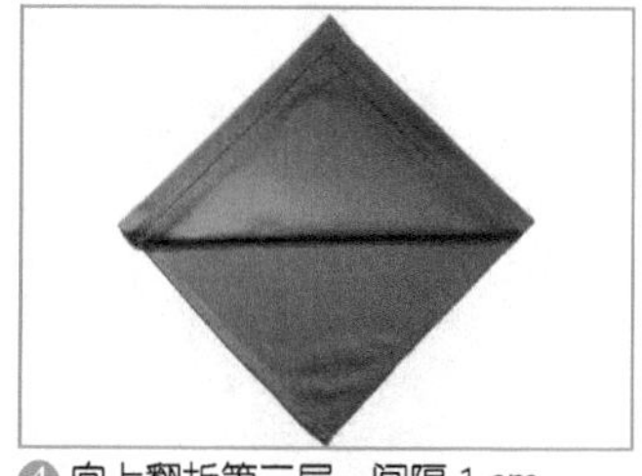

❹ 向上翻折第二层，间隔 1 cm

❺ 向上翻折第三层，间隔 1 cm

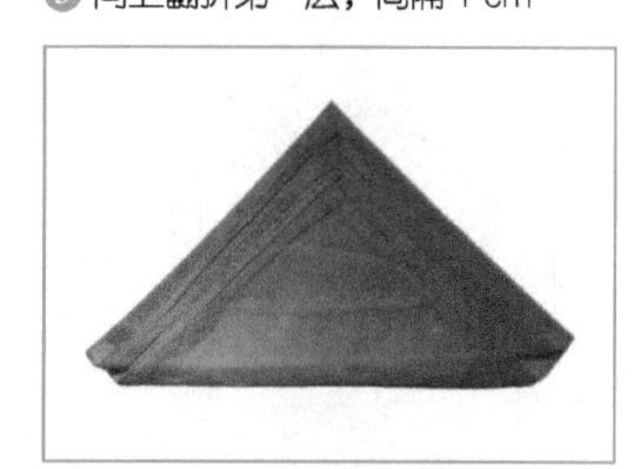

❻ 向上翻折第四层，间隔 1 cm

❼ 右边角提起，向中间翻折

❽ 左边角提起，向中间翻折

❾ 尾部向上翻折

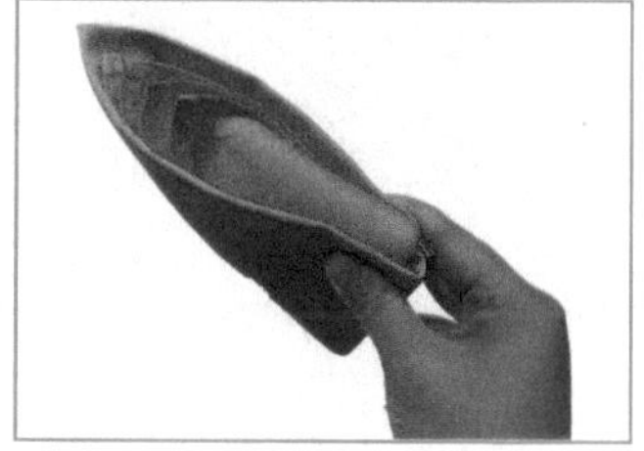

❿ 翻回正面，沿中间向后对折

⓫ 翻拉叶尖，尽量拉开

⓬ 整理落杯，微调成型

图 2-20　一帆风顺折花步骤

（三）红缨枪

意象解析

“红缨枪”，以红缨枪这一兵器为原型创意制作。自古以来红色象征着吉祥，沙场白刃相见，一抹红色是一种好运，寄寓着胜利的希望，有着旗开得胜的美好寓意。

红缨枪折花步骤如图 2-21 所示。

分解步骤

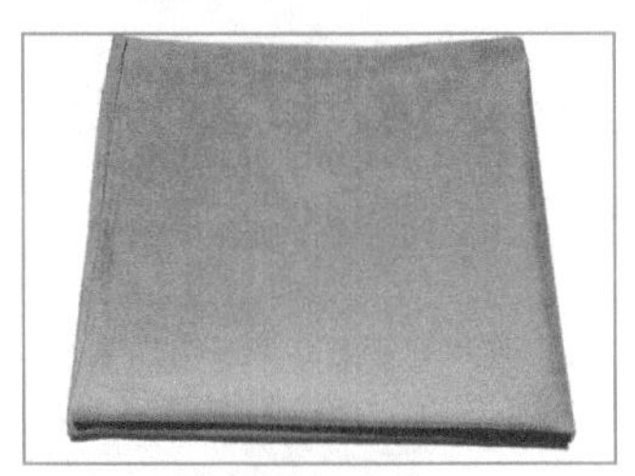

❶ 反面朝上，四方形对折

❷ 捏住单边巾角端，准备推折

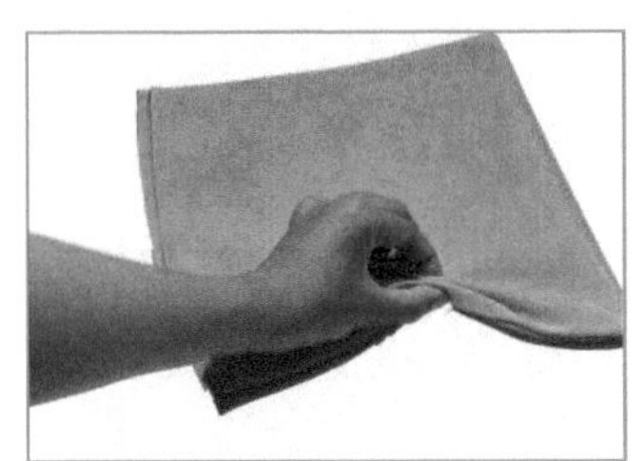

❸ 中轴对称，平行推折

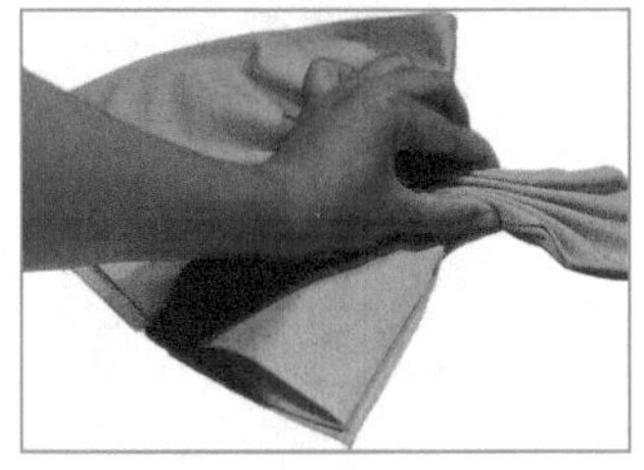

❹ 五折为宜，推折成叶

❺ 理平剩余部分，准备包裹

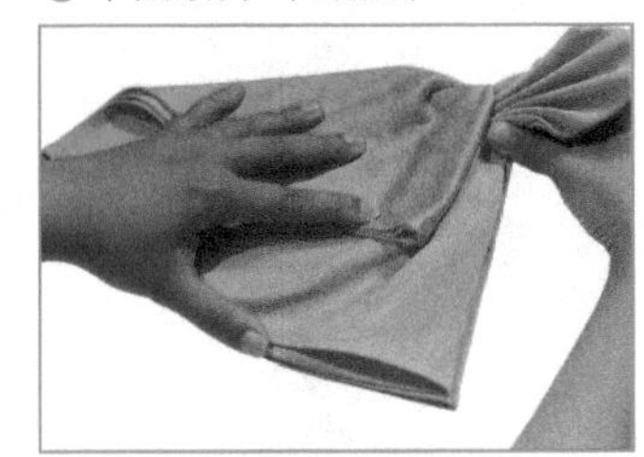

❻ 左边角向里翻折，准备包裹

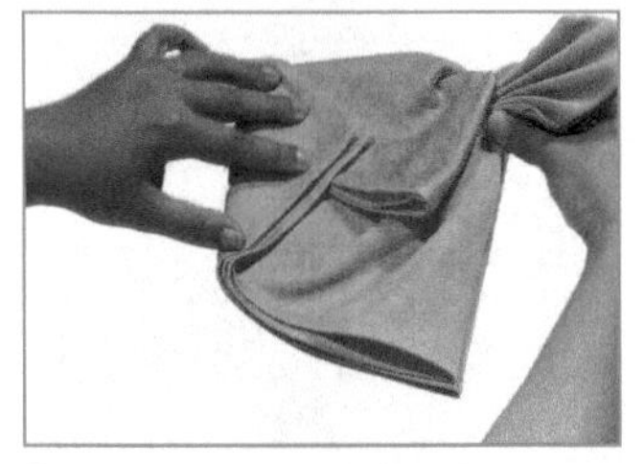

❼ 下边角向上翻折，准备包裹

❽ 二次向上翻折，准备包裹

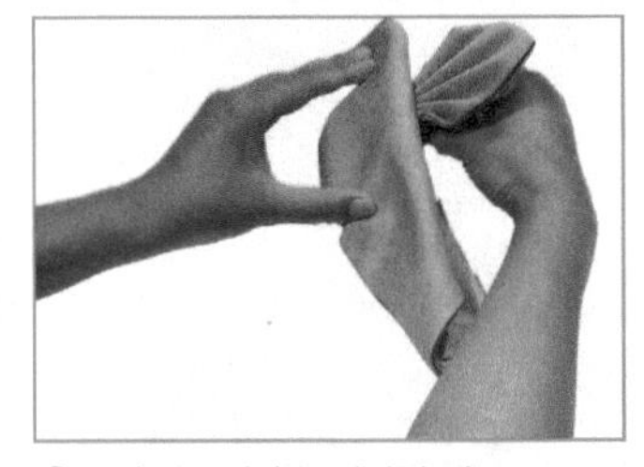

❾ 三次向上翻折，准备包裹

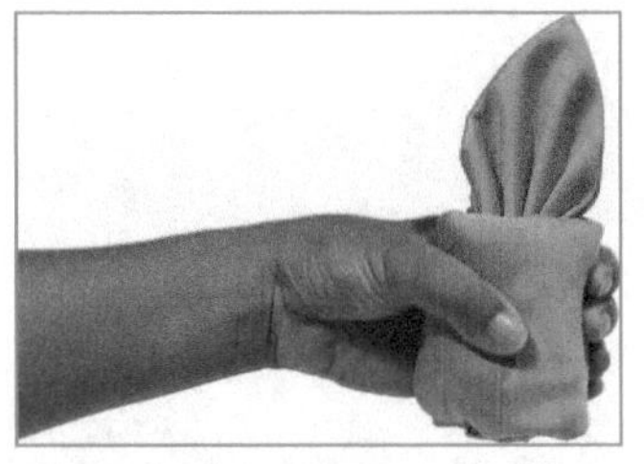

❿ 平整包裹，整理边缘

⓫ 整理落杯，微调成型

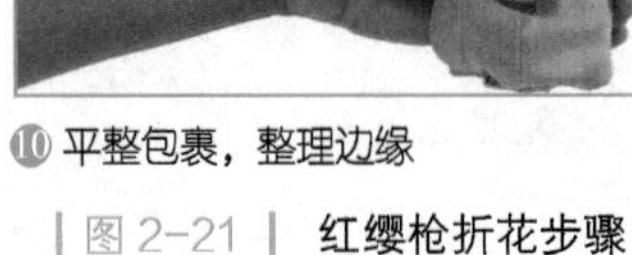

| 图 2-21 | 红缨枪折花步骤

红缨枪折花视频

（四）玲珑塔

意象解析

“玲珑塔”，以宝塔为原型创意制作。宝塔被人们作为一种佛的象征进行崇拜，有着护佑平安的美好寓意。

玲珑塔折花步骤如图 2-22 所示。

玲珑塔折花视频

分解步骤

❶ 反面朝上，四方形对折

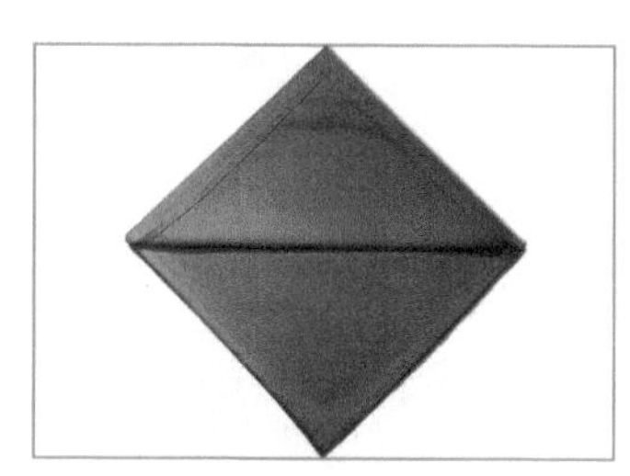

❷ 向上翻折第一层，间隔 1.5 cm

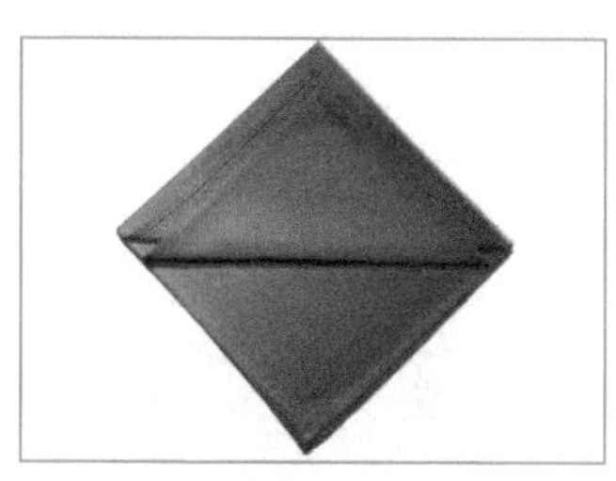

❸ 向上翻折第二层，间隔 1.5 cm

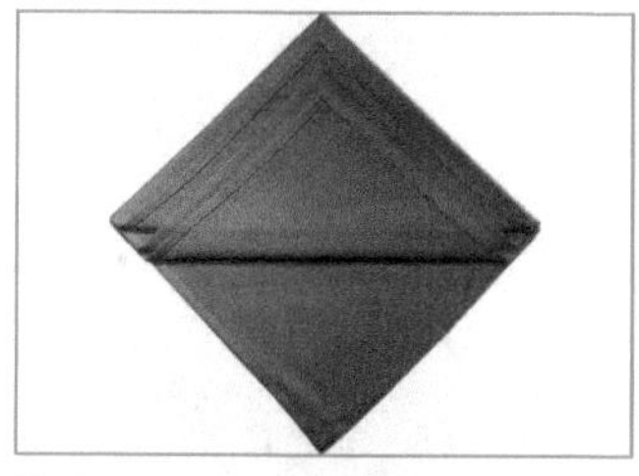

❹ 向上翻折第三层，间隔 1.5 cm

❺ 向上翻折第四层，间隔 1.5 cm

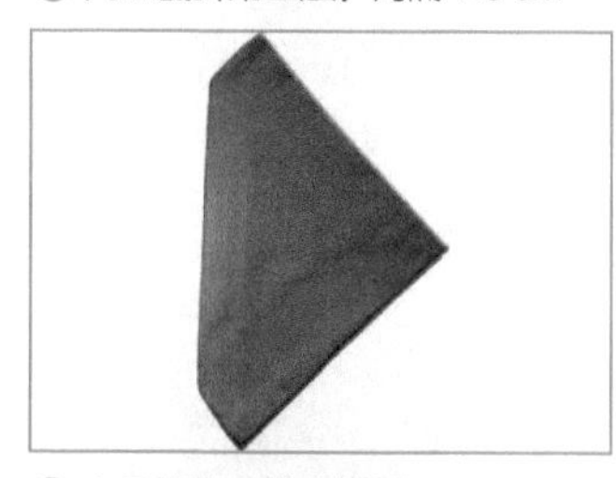

❻ 向后翻转，纵向铺平

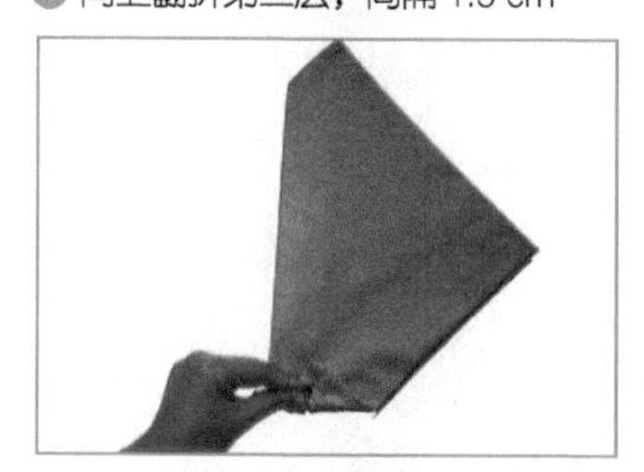

❼ 翻折一角，准备平行卷

❽ 卷至中心留 2 cm 左右

❾ 左手固定，右手翻折另一端

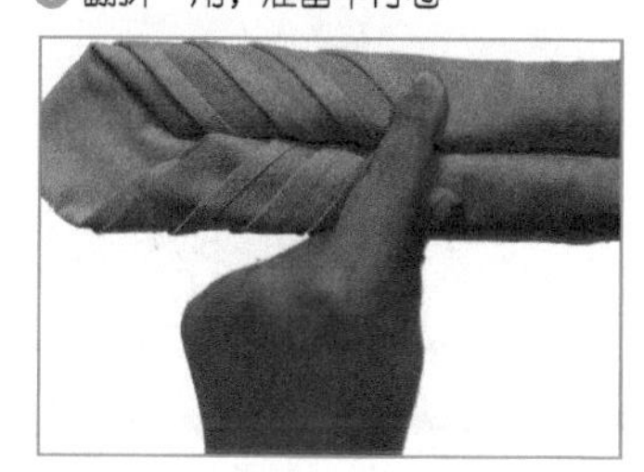

❿ 中轴对称，另一端卷至中心

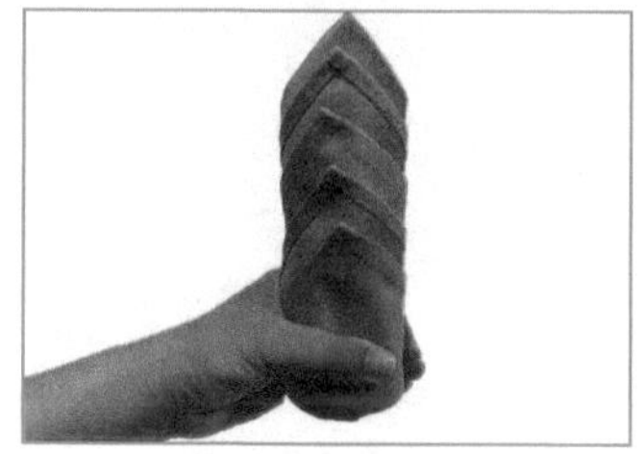

⓫ 翻拉叶尖，整理边缘

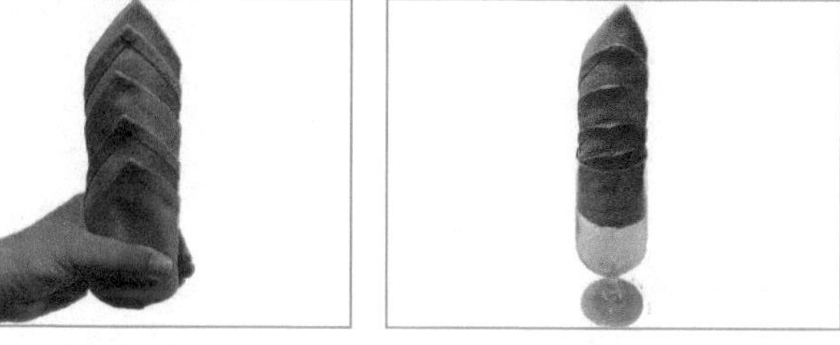

⓬ 整理落杯，微调成型

| 图 2-22 |　玲珑塔折花步骤

（五）金令箭

意象解析

“金令箭”，以清朝的金牌令箭为原型创意制作，象征着权力。古代每个朝代都有一件非同寻常的物品，如汉朝的虎符、明朝的尚方宝剑，而清朝便是金牌令箭，相当于皇帝所拥有的权力，因此有着步步高升、身居高位的美好寓意。

金令箭折花步骤如图 2-23 所示。

分解步骤

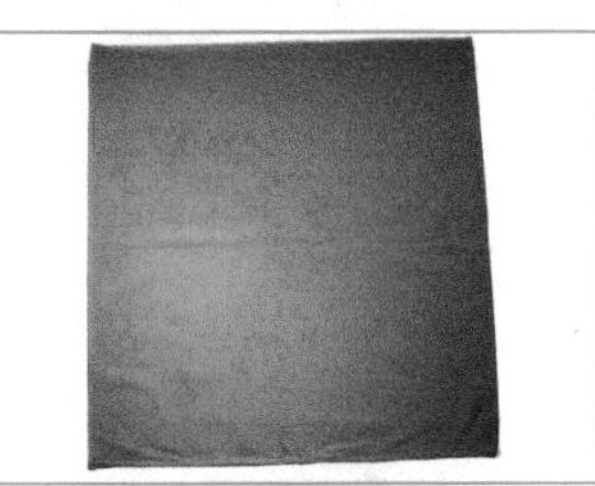

❶ 反面朝上，平铺理平

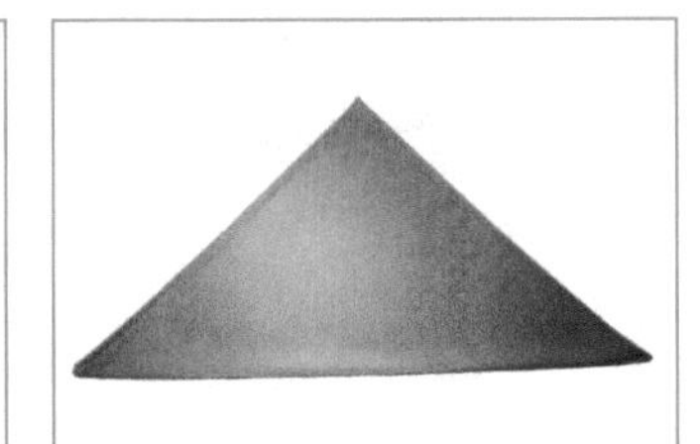

❷ 三角形对折，平铺理平

❸ 翻折两边角，准备平行卷

❹ 双手捏紧一边，平行卷

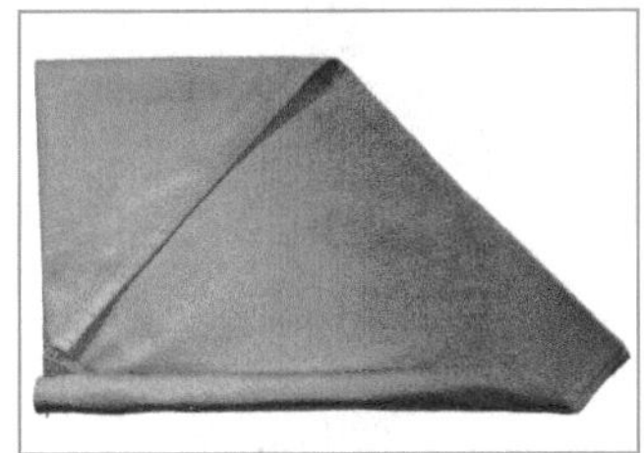

❺ 卷至中心，推卷另一边

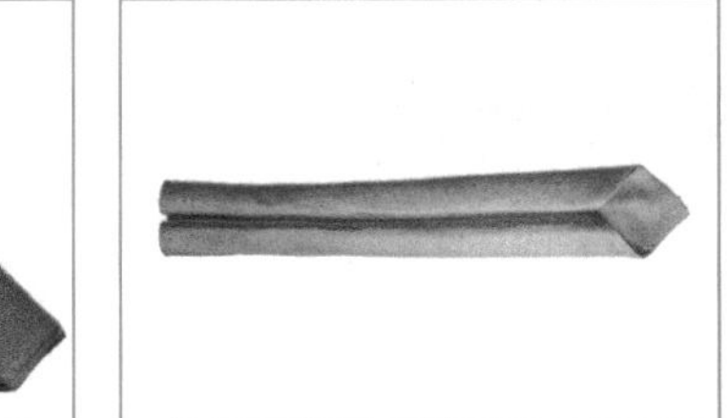

❻ 中轴对称，大小一致

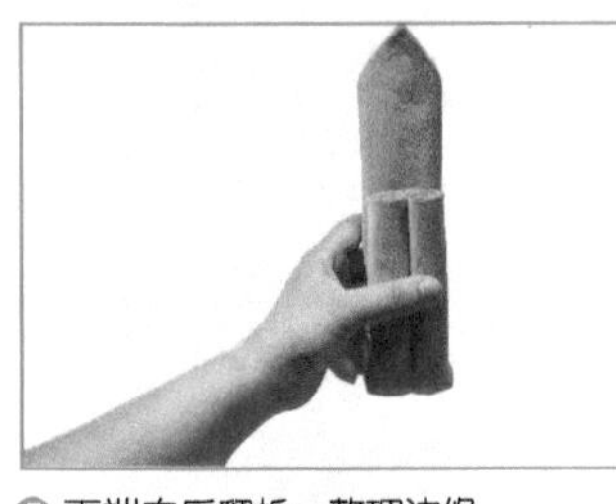

❼ 下端向后翻折，整理边缘

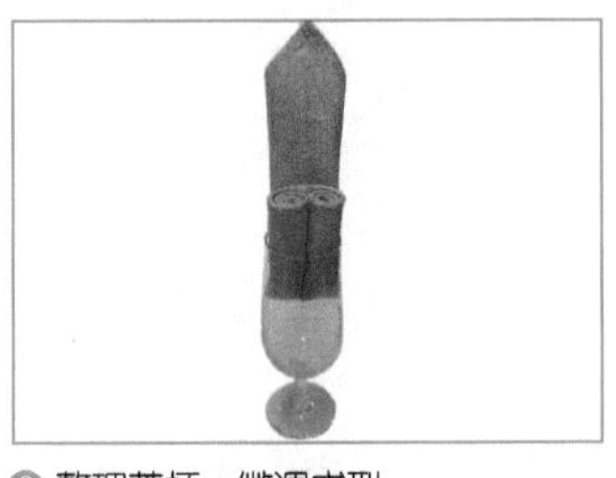

❽ 整理落杯，微调成型

| 图 2-23 | 金令箭折花步骤

金令箭折花视频

（六）手风琴

意象解析

“手风琴”，以手风琴这一乐器为原型创意制作，象征着美妙的音乐，寓意着生活的美好和快乐。

手风琴折花步骤如图 2-24 所示。

手风琴折花视频

分解步骤

❶ 反面朝上，三角形对折

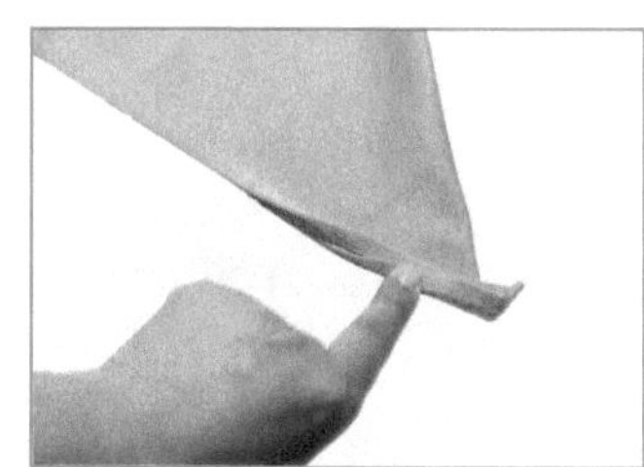

❷ 固定巾角一端，准备斜卷

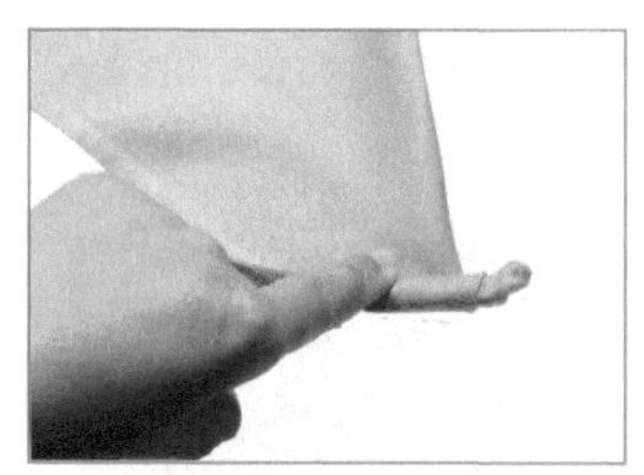

❸ 卷紧卷细，有层次感

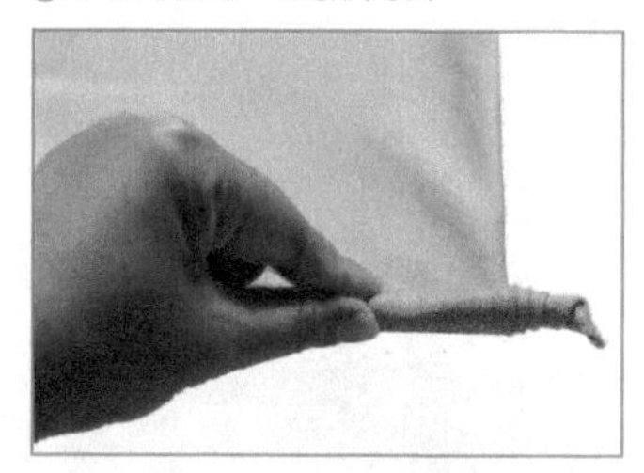

❹ 斜卷至 4～5 卷，准备推折

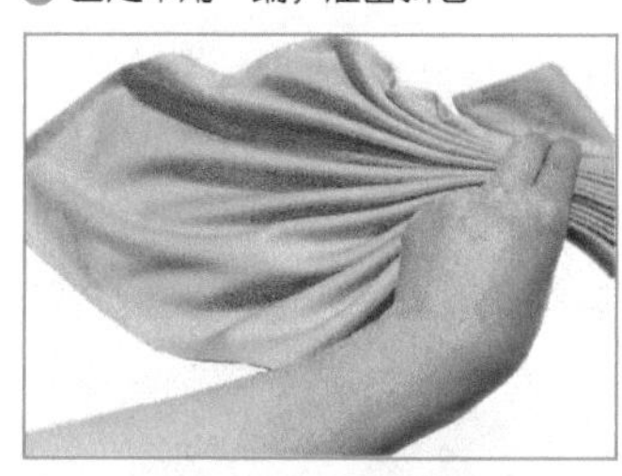

❺ 平行推折，推折高度 1 cm

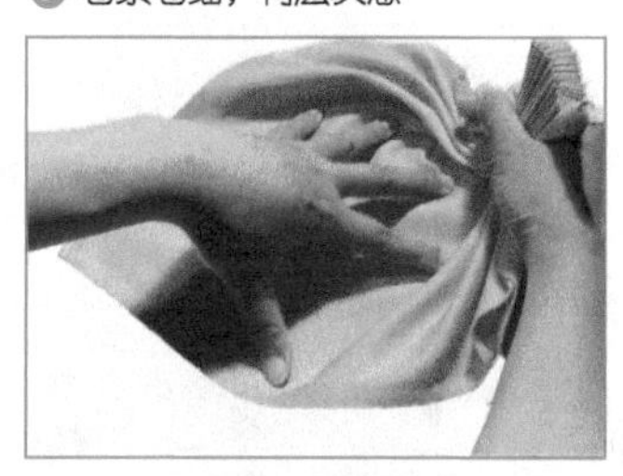

❻ 理平剩余部分，准备包裹

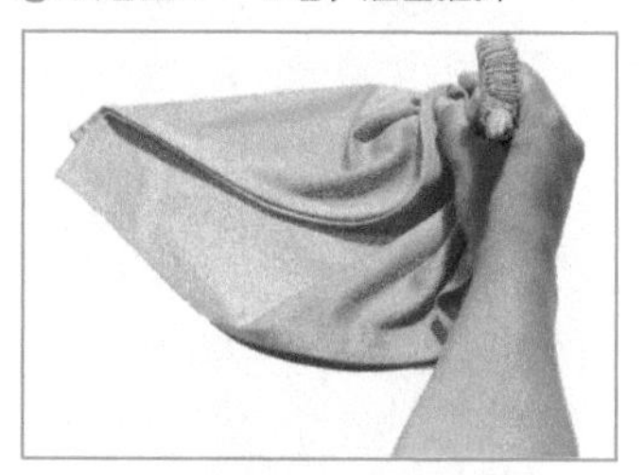

❼ 左边角向里翻折，准备包裹

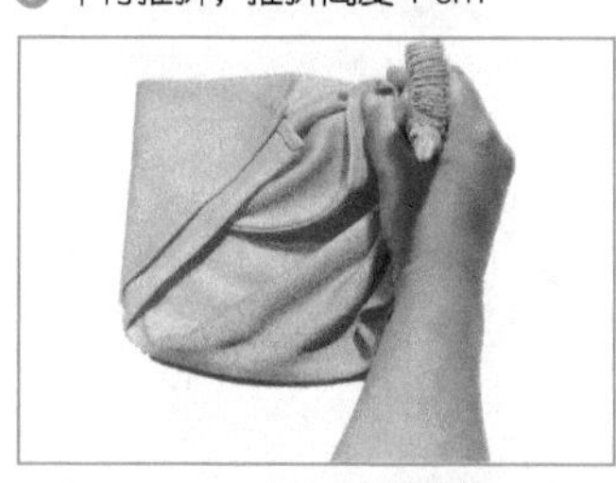

❽ 下边角向上翻折，准备包裹

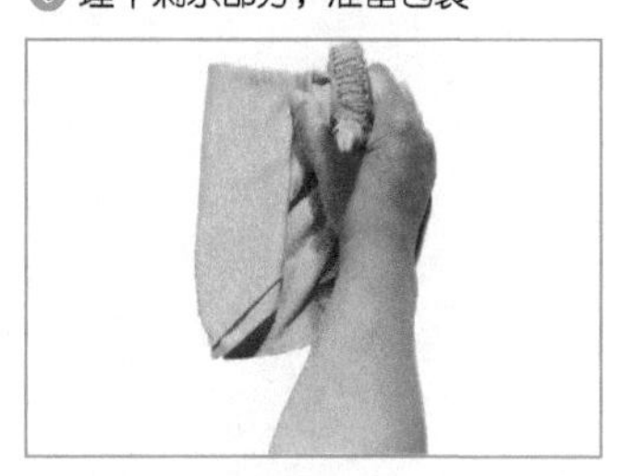

❾ 二次向上翻折，准备包裹

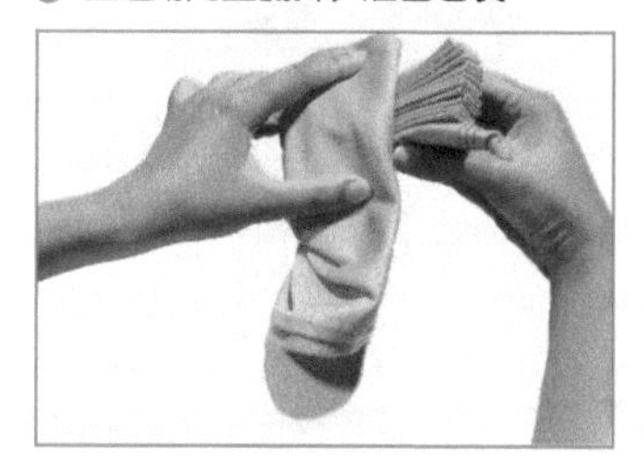

❿ 三次向上翻折，准备包裹

⓫ 平整包裹，整理边缘

⓬ 整理落杯，微调成型

| 图 2-24 | 手风琴折花步骤

（七）烟斗

意象解析

“烟斗”，烟斗、高帽、燕尾服是英国绅士们的标志，此花形以烟斗为原型创意制作，象征着成熟男人和绅士，寓意着成熟和内涵。

烟斗折花步骤如图 2-25 所示。

分解步骤

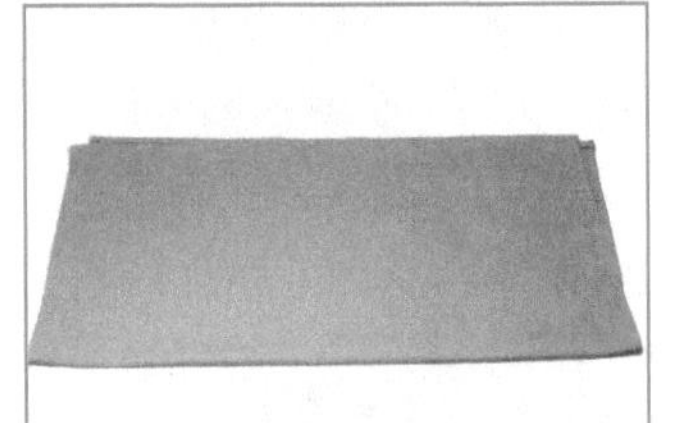

❶ 反面朝上，斜角对折

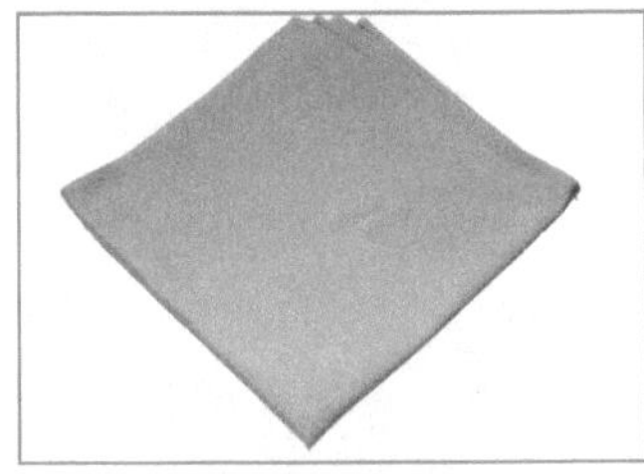

❷ 二次对折，四巾角留 1 cm 高度

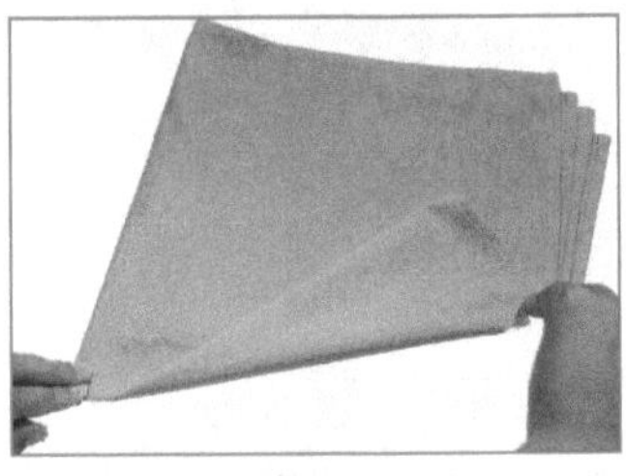

❸ 单层边向中间翻折，备卷

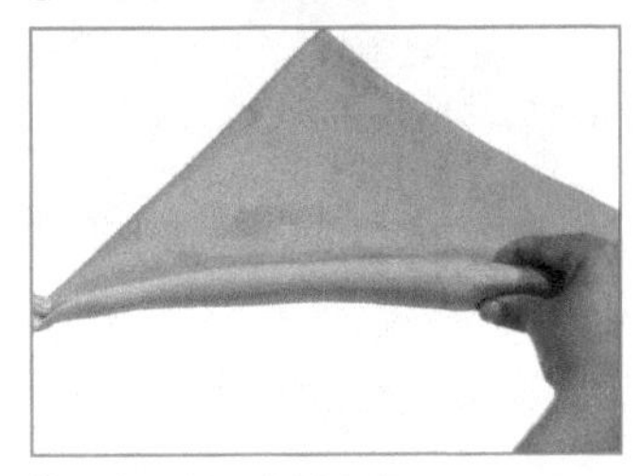

❹ 卷紧卷细，有层次感

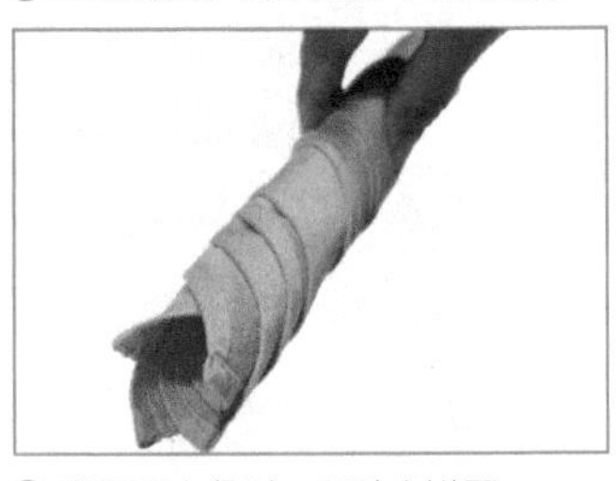

❺ 卷至四巾角时，四叶尖错开

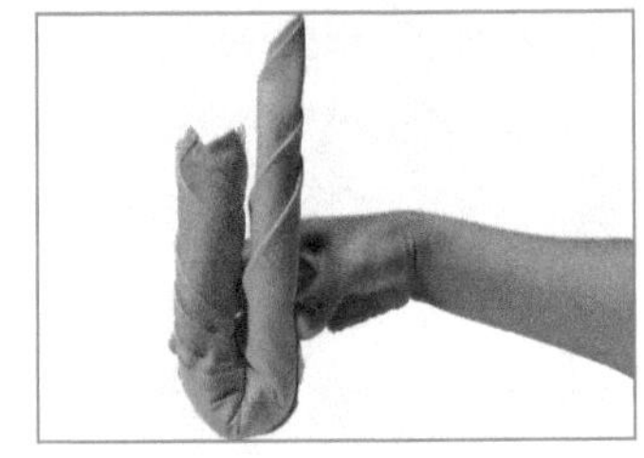

❻ 平整对折，尾高斗低

❼ 整理落杯，微调成型

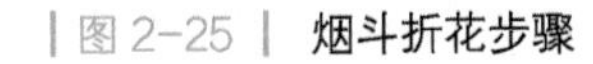

| 图 2-25 | 烟斗折花步骤

烟斗折花视频

（八）永结同心

意象解析

“永结同心”，以同心圆和心形为原型创意制作，象征着爱情，寓意着夫妻关系和谐、家庭和睦。同时，也用来祝福新婚的夫妇，永结同心，白头到老，百年好合。

永结同心折花步骤如图 2-26 所示。

分解步骤

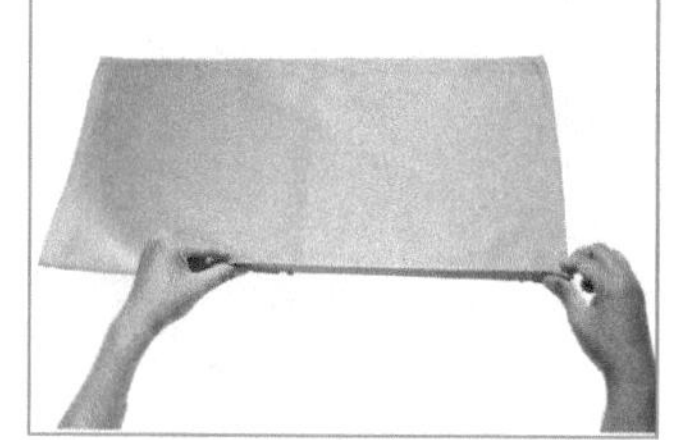

❶ 反面朝上，矩形对折

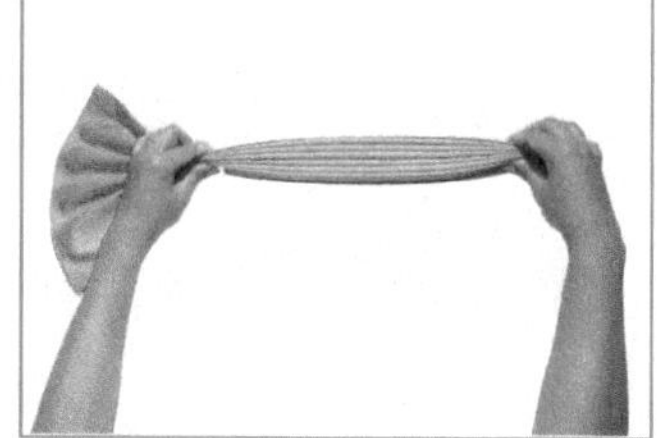

❷ 由前往后，平行推折

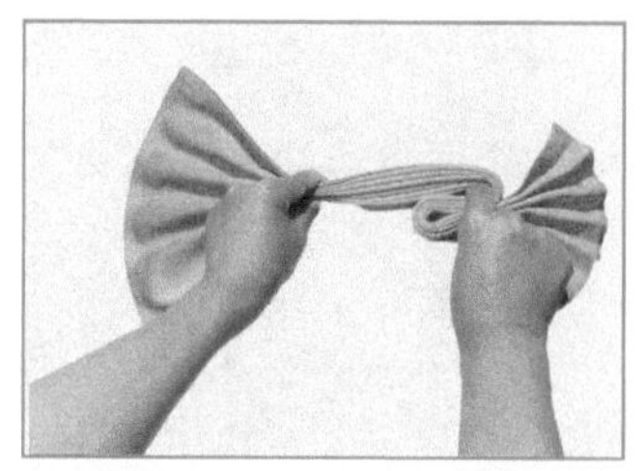

❸ 左端长右端短，右端 S 形折叠

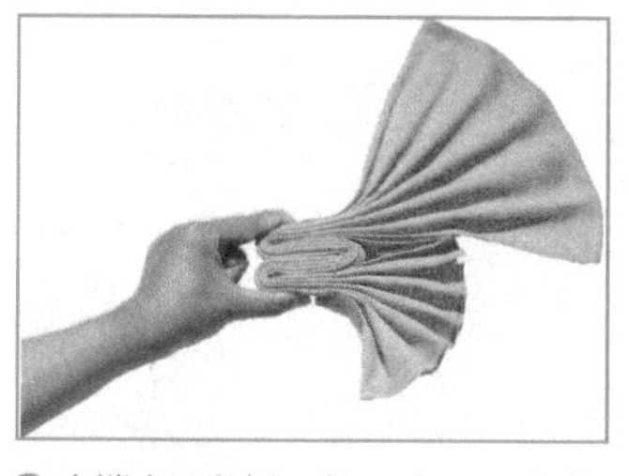

❹ 左端向下翻折，留 7 ~ 8 cm 准备包裹

❺ 理平剩余部分，准备包裹

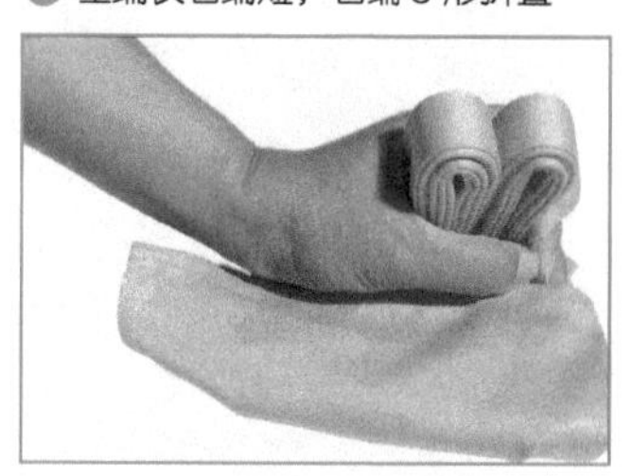

❻ 下端向上翻折，准备包裹

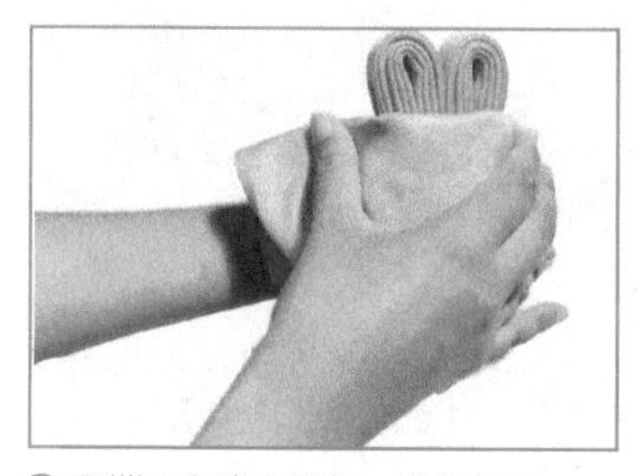

❼ 下端二次向上翻折，准备包裹

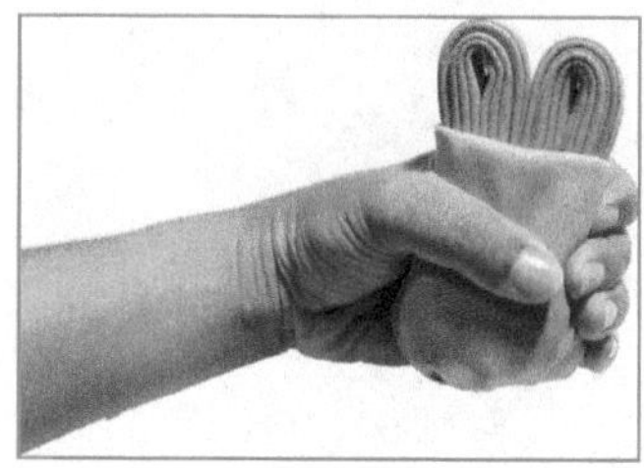

❽ 平整包裹，整理边缘

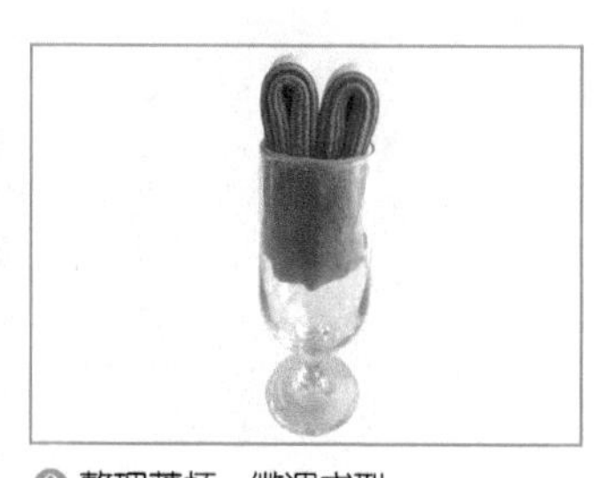

❾ 整理落杯，微调成型

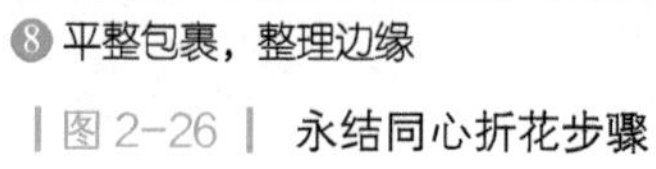

| 图 2-26 |　永结同心折花步骤

永结同心折花视频

（九）扇面送爽

意象解析

“扇面送爽”，以“团扇”为原型创意制作。在中国，“圆”就是“团圆”，所以人们把圆形或近似圆形的扇子都称为“团扇”，扇与善谐音，因此团扇象征着团圆、善良和善行。此外，扇子也有“散子”的意思，有着“多子多福”的美好寓意。

扇面送爽折花步骤如图 2-27 所示。

分解步骤

❶ 反面朝上，四方形对折

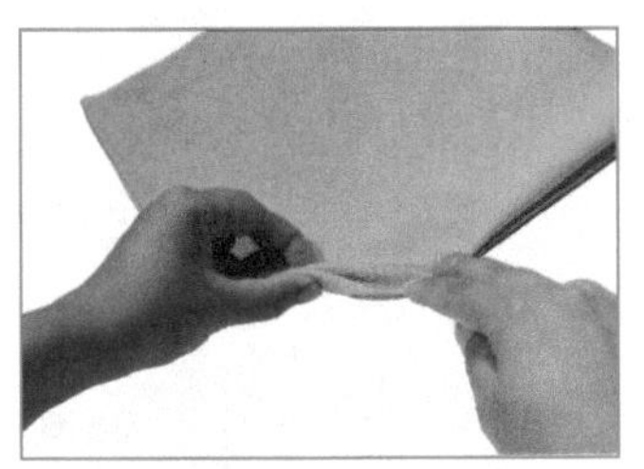

❷ 右手固定中心，左手弧形推折

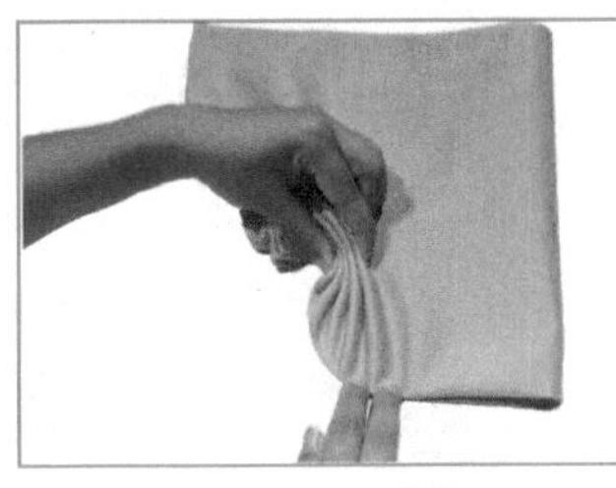

❸ 推折高度以 0.5 cm 为宜

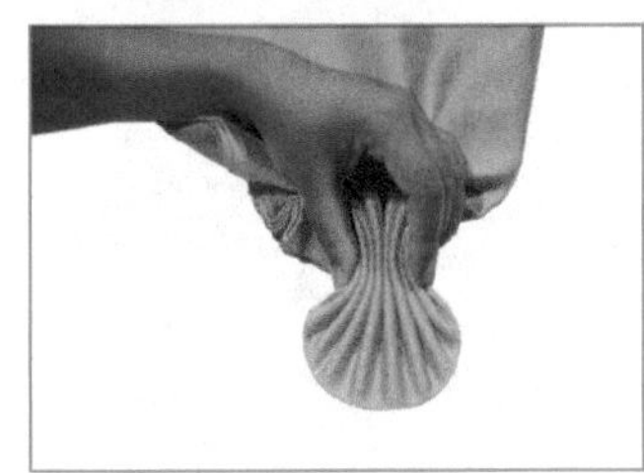

❹ 推折均匀，中轴对称

❺ 理平剩余部分，准备包裹

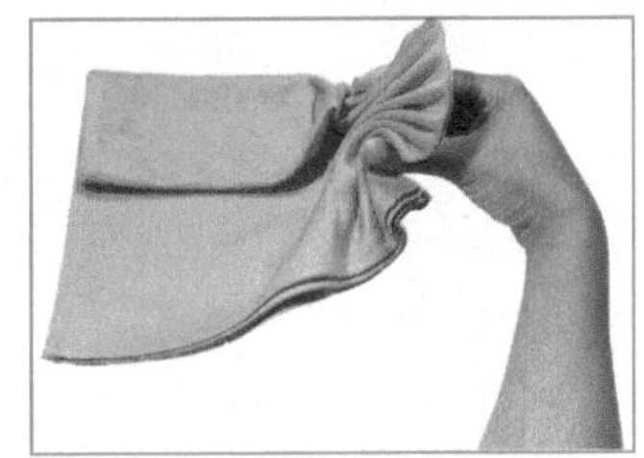

❻ 左边角向中间翻折，准备包裹

❼ 下边向上翻折，准备包裹

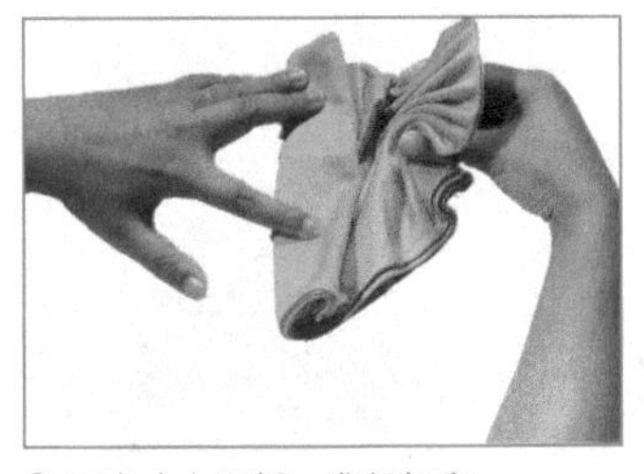

❽ 二次向上翻折，准备包裹

❾ 三次向上翻折，准备包裹

扇面送爽折花视频

❿ 平整包裹，整理边缘

⓫ 整理落杯，微调成型

| 图 2-27 | 扇面送爽折花步骤

（十）友谊花篮

意象解析

“友谊花篮”，以花篮为原型创意制作，象征着美好的友谊。此外，花篮也有着其他很多美好的寓意，如开业送花篮寓意生意兴隆等。此花形一般在中餐宴会中摆放在主宾位，以表示对主宾的友好和欢迎。

友谊花篮折花步骤如图 2-28 所示。

分解步骤

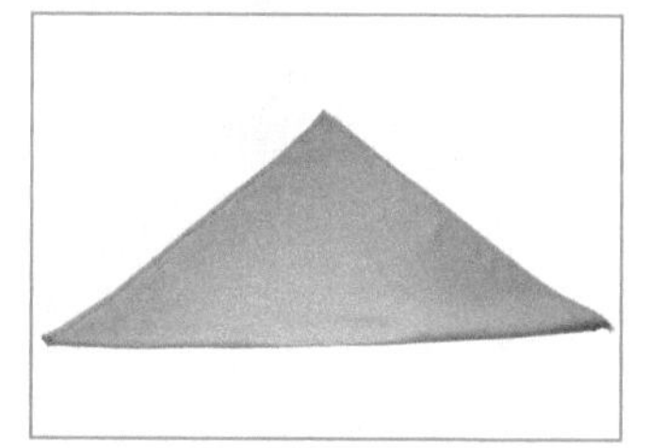

❶ 正面朝上，三角形对折，一端高出 1 cm

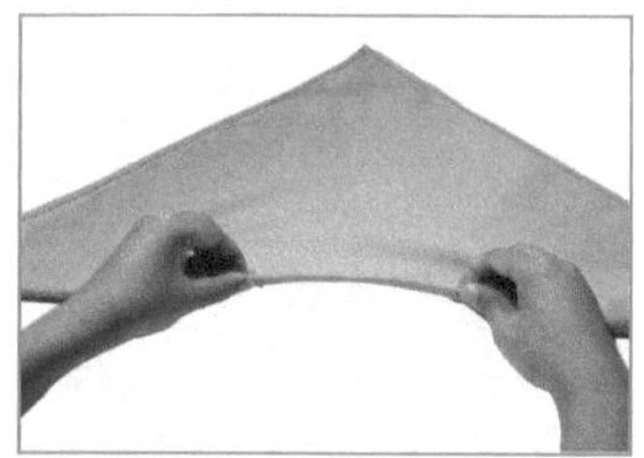

❷ 左右手捏紧，准备平行卷

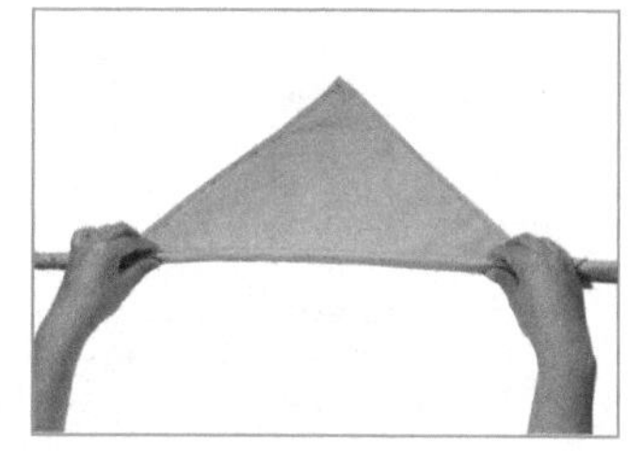

❸ 双手拉紧，卷紧卷细

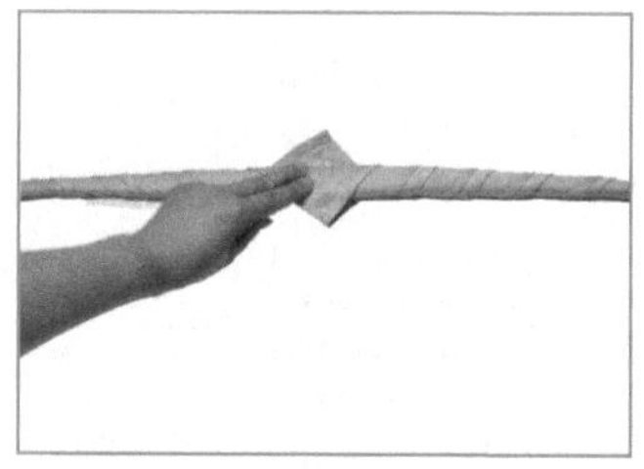

❹ 一巾角下翻，整理成叶

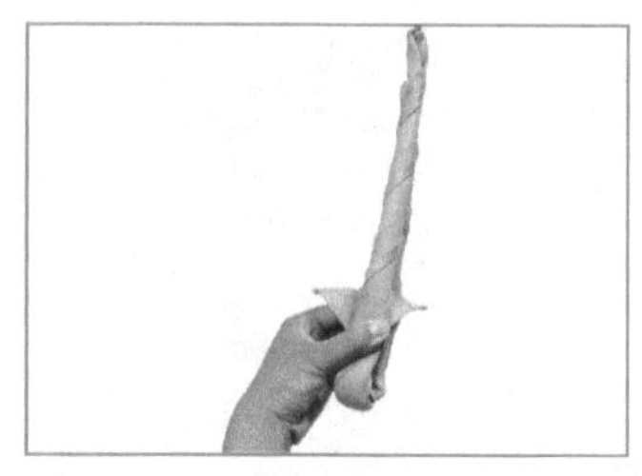

❺ 捏紧竖起，整理边缘

❻ 落杯整理，两端连接，微调成型

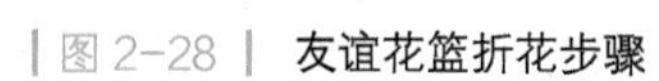

| 图 2-28 | 友谊花篮折花步骤

友谊花篮折花视频

二、植物类

（一）鸡冠花

意象解析

“鸡冠花”，以鸡冠花这一植物为原型创意制作，寓意着真挚的爱情。用于表达爱情时，鸡冠花热烈奔放、纯真可靠。由于鸡冠花的超强生长力，因此也有着寿比南山、长命百岁的含义。

鸡冠花折花步骤如图 2-29 所示。

分解步骤

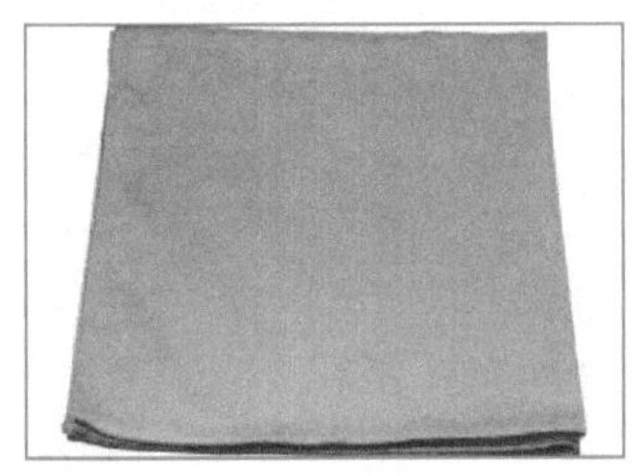

❶ 反面朝上，四方形对折

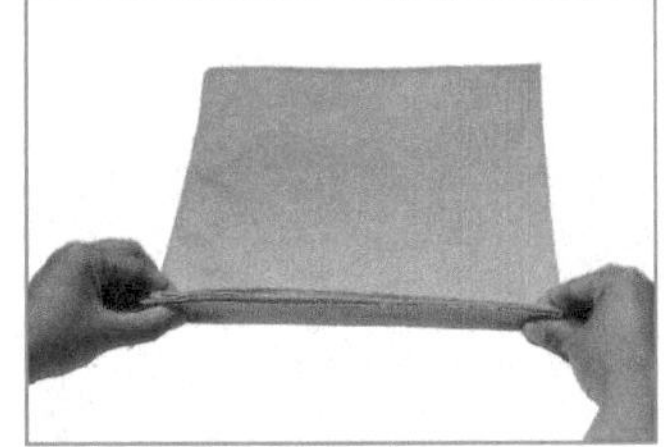

❷ 由前往后，平行推折

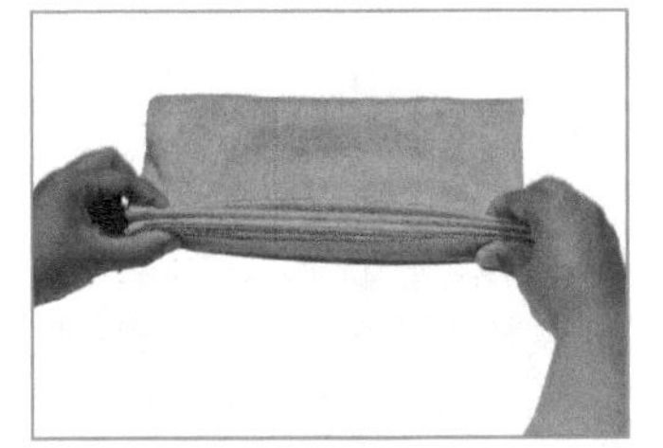

❸ 推折高度以 1.5 cm 为宜

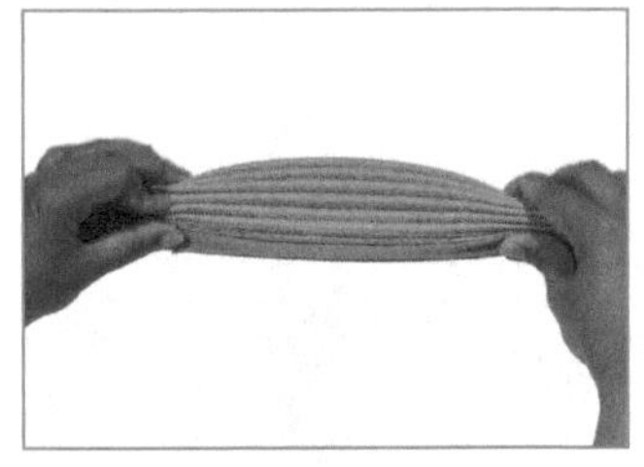

❹ 推折均匀，折痕平整

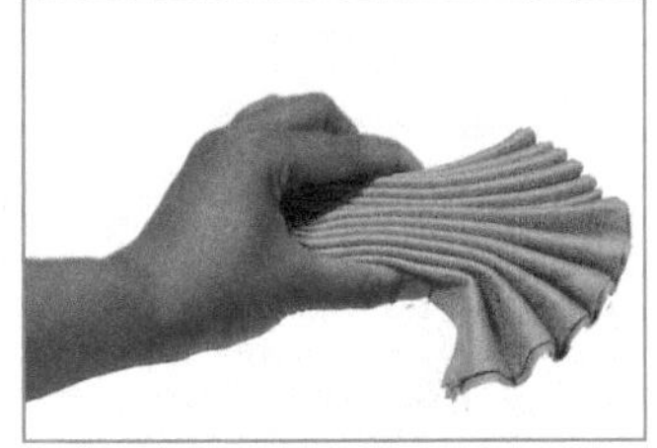

❺ 平整对折，高出 1 cm

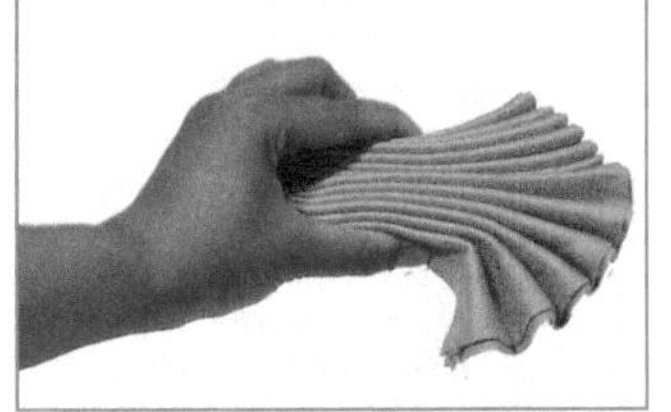

❻ 整理落杯，微调成型

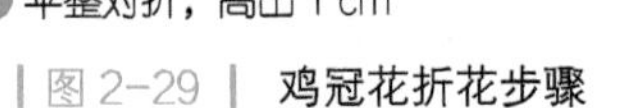

| 图 2-29 | 鸡冠花折花步骤

鸡冠花折花视频

（二）雨后春笋

意象解析

“雨后春笋”，以雨后刚破土而出的春笋为原型创意制作。“冻雷惊笋欲抽芽”，春雨“唤醒”了沉睡整个冬季的春笋，冲破泥土，掀翻石块，冒出地面，充满了欢乐，旺盛地生长，寓意着新事物蓬勃涌现。

雨后春笋折花步骤如图 2-30 所示。

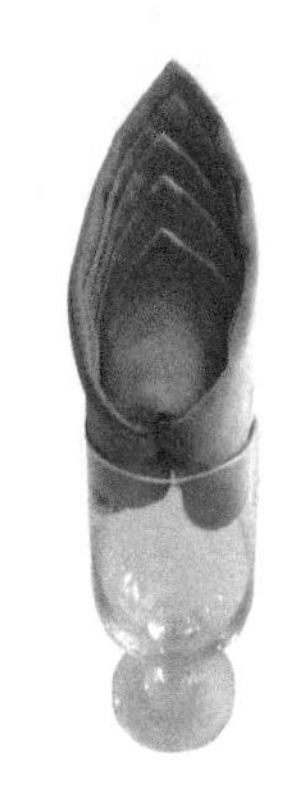

分解步骤

❶ 反面朝上，四方形对折

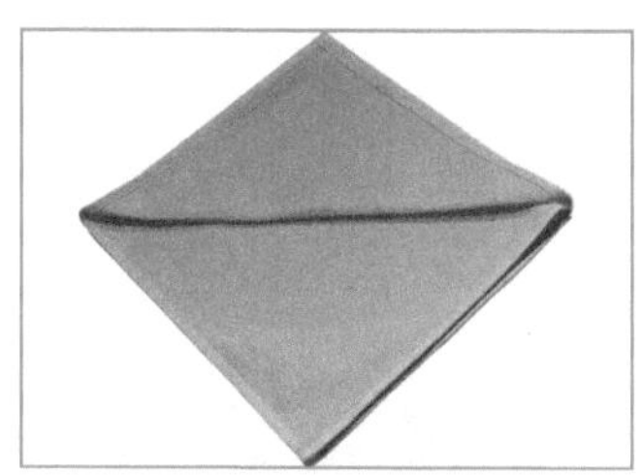

❷ 向上翻折第一层，间隔 1 cm

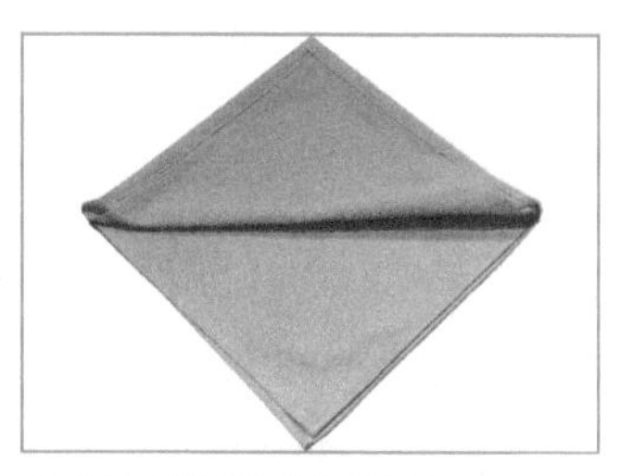

❸ 向上翻折第二层，间隔 1 cm

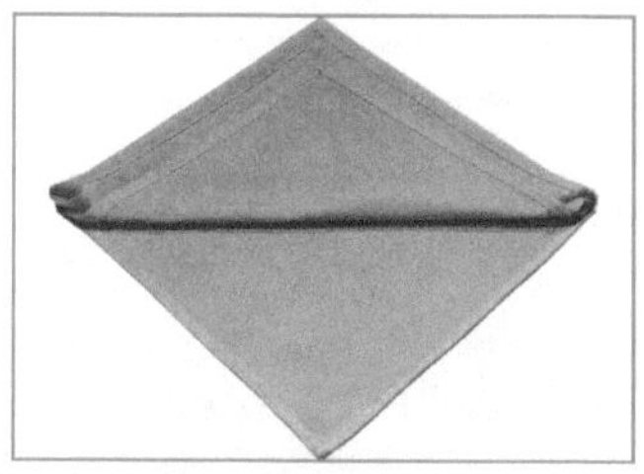

❹ 向上翻折第三层，间隔 1 cm

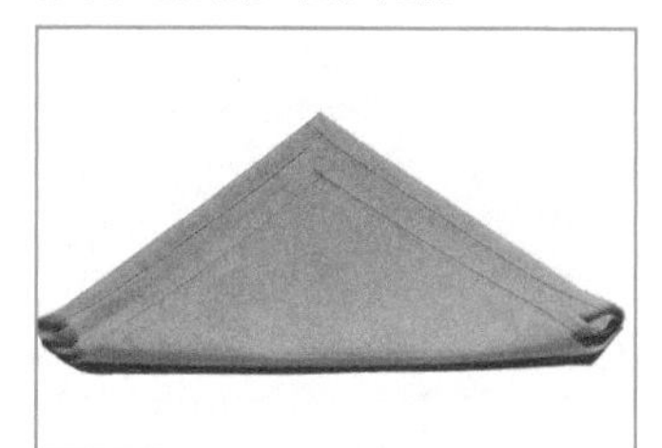

❺ 向上翻折第四层，间隔 1 cm

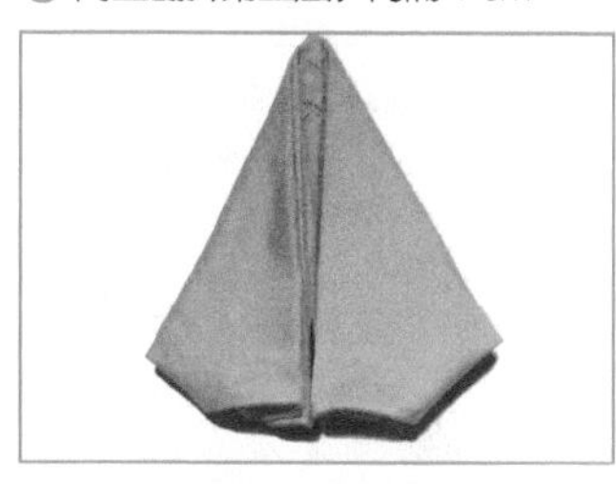

❻ 左右两角提起，向中间翻折

❼ 向后翻转，尾部向上翻折

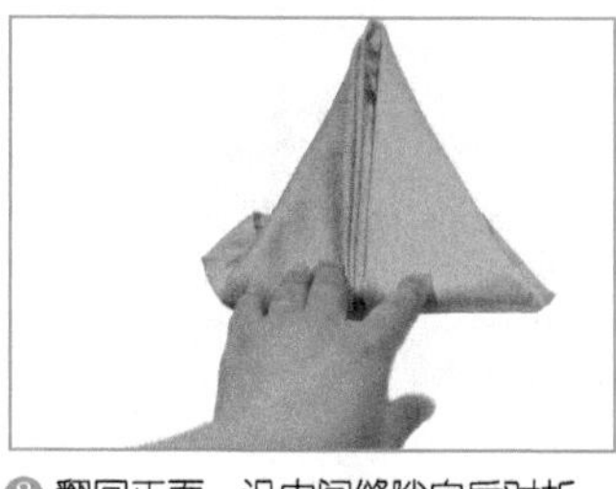

❽ 翻回正面，沿中间缝隙向后对折

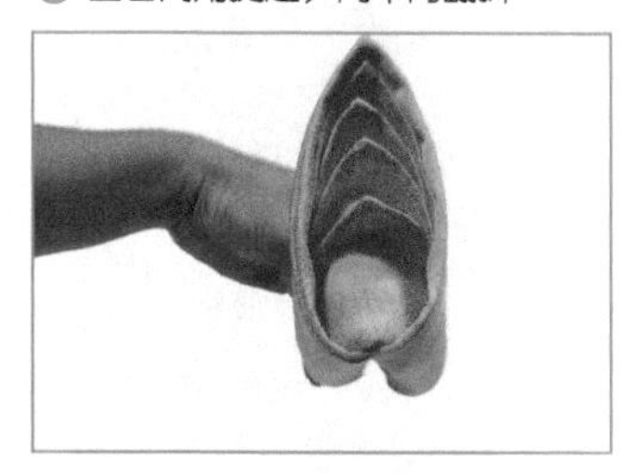

❾ 翻拉叶尖，整理边缘

❿ 整理落杯，微调成型

雨后春笋折花视频

图 2-30　雨后春笋折花步骤

（三）节节高升

意象解析

“节节高升”，以竹子为原型创意制作。自古以来，竹子就被比喻为君子。竹子生而有节，自古以来是高风亮节的象征，竹谐音“祝”，有祝福之意，竹子的主干是一节节的，又被赋予了节节高升的寓意。

节节高升折花步骤如图 2-31 所示。

分解步骤

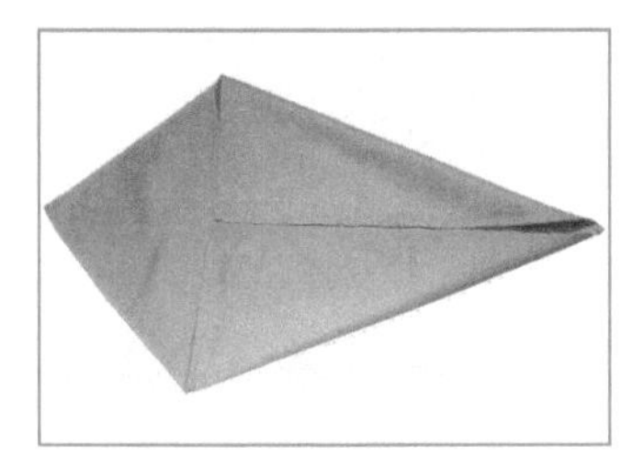

❶ 反面朝上，左右巾角向中间翻折

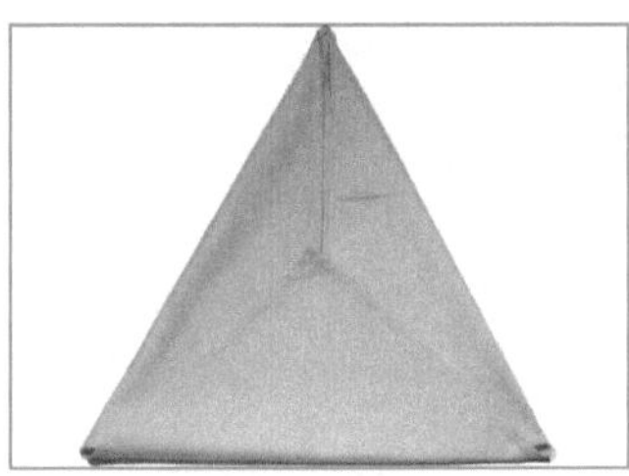

❷ 下巾角向上翻折

❸ 左右手捏紧，准备平行卷

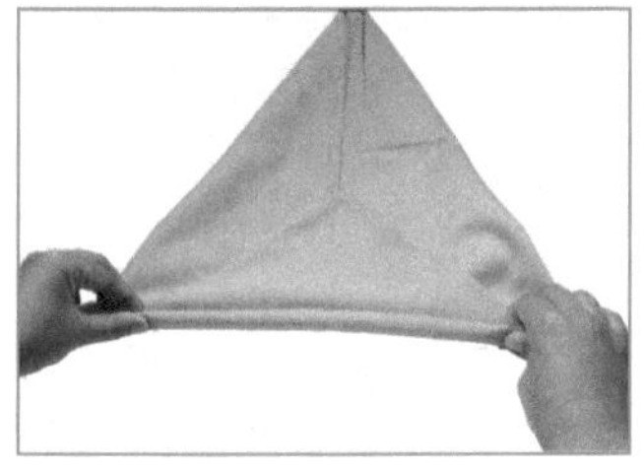

❹ 双手拉紧，卷紧卷细

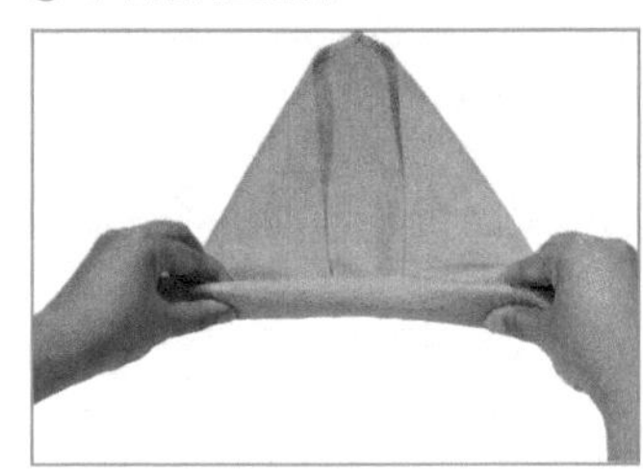

❺ 卷至 2/3，快速推卷

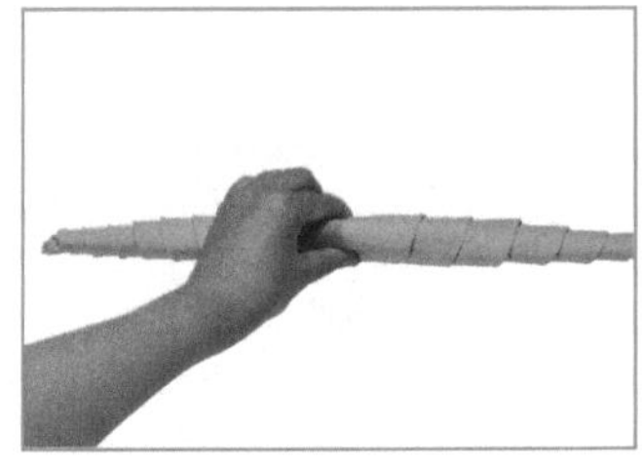

❻ 捏紧竖起，整理边缘

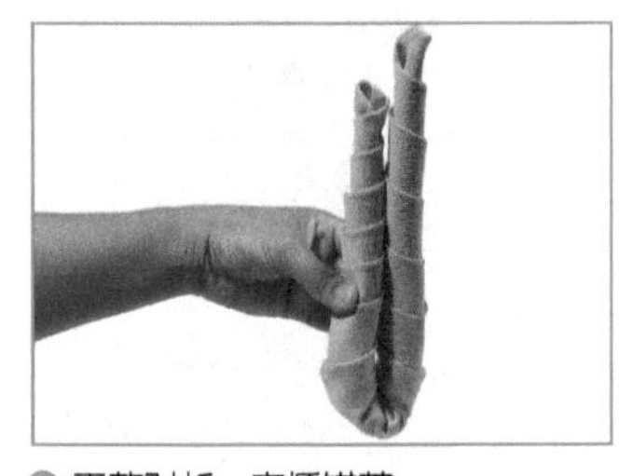

❼ 平整对折，高低错落

❽ 整理落杯，微调成型

| 图 2-31 | 节节高升折花步骤

节节高升折花视频

（四）马蹄莲

意象解析

“马蹄莲”，以马蹄莲这一植物为原型创意制作，象征着一个人高尚的品性及两人之间的深厚友谊。马蹄莲在西方国家常用作婚礼上新娘的捧花，花色丰富，花语和颜色有关。白色代表忠贞不渝，红色代表婚姻美满，紫色代表懂你的心，粉色代表爱你一生，黄色代表尊敬感恩。餐桌上的餐巾折花可按不同的宴请选用不同颜色的餐巾，有关爱人适合选用白色和粉色，有关朋友适合选用紫色，有关长辈适合选用黄色。

马蹄莲折花步骤如图 2-32 所示。

分解步骤

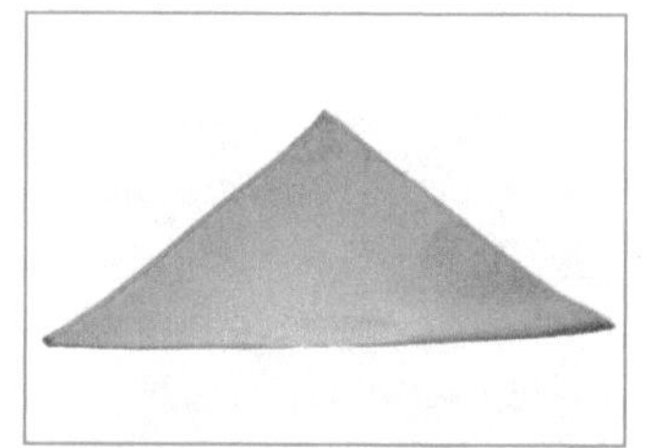

❶ 正面朝上，三角形对折

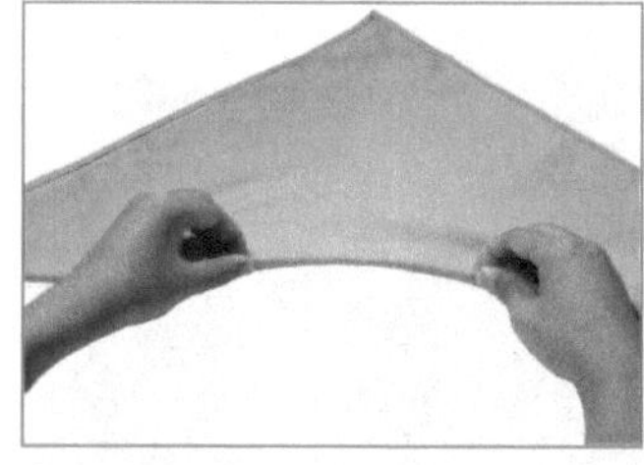

❷ 左右手捏紧，准备平行卷

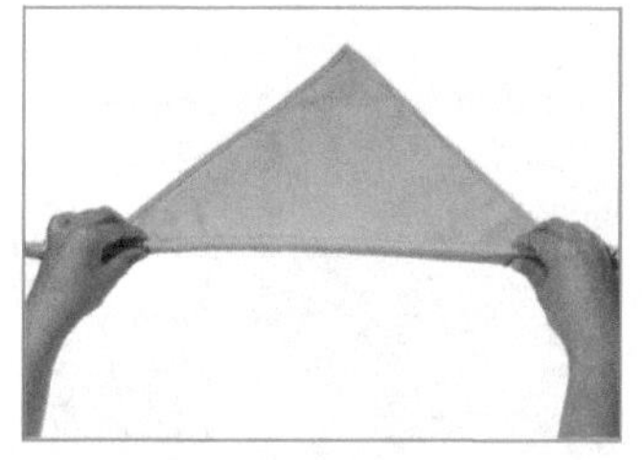

❸ 双手拉紧，卷紧卷细

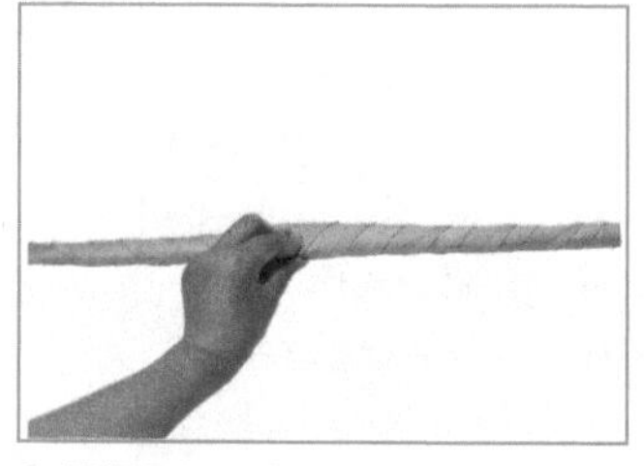

❹ 捏紧竖起，整理边缘

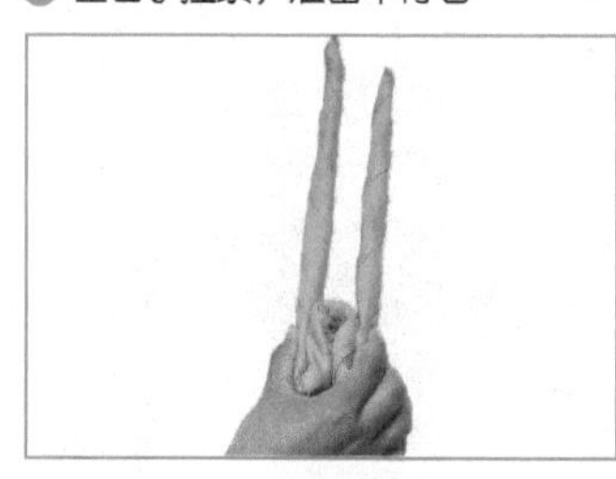

❺ S 形对折，高低错落

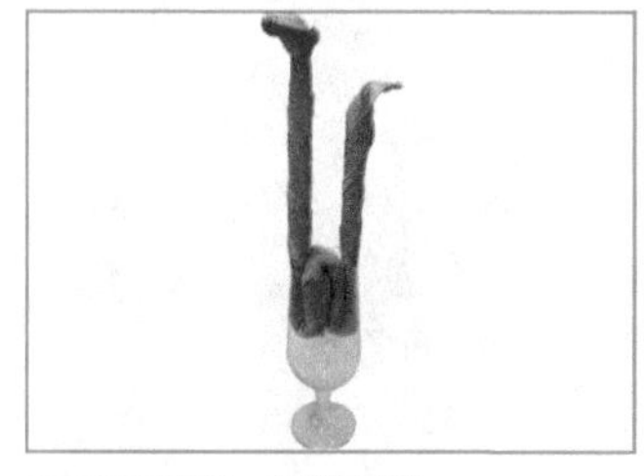

❻ 整理落杯，微调成型

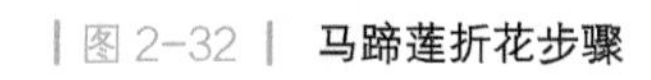

| 图 2-32 |　马蹄莲折花步骤

马蹄莲折花视频

（五）新芽初长

意象解析

“新芽初长”，以刚破土而出的新芽为原型创意制作。刚萌发出的嫩芽，象征着奋发向上、生机勃勃的精神。也可用于形容小孩，象征着希望和美好的未来。

新芽初长折花步骤如图 2-33 所示。

新芽初长折花视频

分解步骤

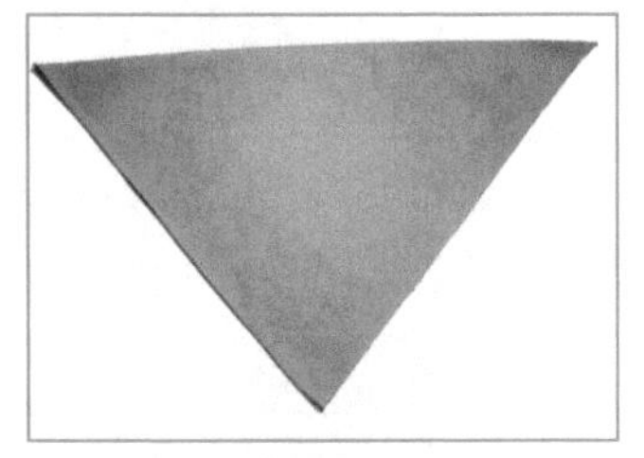

❶ 反面朝上，三角形对折

❷ 捏住一角，平行推折

❸ 三折为宜，推折成叶

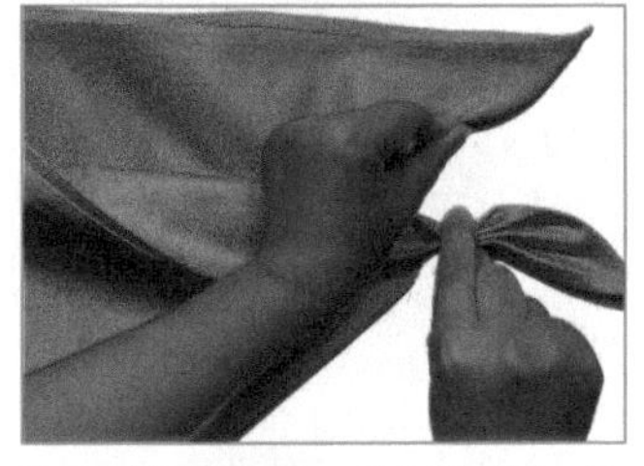

❹ 右手指辅助固定，左手推折另一叶

❺ 三折为宜，大小有别

❻ 并排固定，高低错落

❼ 左边角向里翻折，准备包裹

❽ 下边角向上翻折，准备包裹

❾ 二次向上翻折，准备包裹

❿ 三次向上翻折，准备包裹

⓫ 平整包裹，翻拉叶尖

⓬ 整理落杯，微调成型

| 图 2-33 | 新芽初长折花步骤

（六）冰玉水仙

意象解析

“冰玉水仙”，以水仙花为原型创意制作。冰肌玉骨的水仙，缃衣缥裙，亭亭伫立，清高幽雅。人们寓意水仙花为“万事如意”“吉祥”“美好”“纯洁的爱”等，是中国十大名花之一。

冰玉水仙折花步骤如图 2-34 所示。

冰玉水仙折花视频

分解步骤

❶ 反面朝上，四方形对折

❷ 向上翻折第一层，间隔 1.5 cm

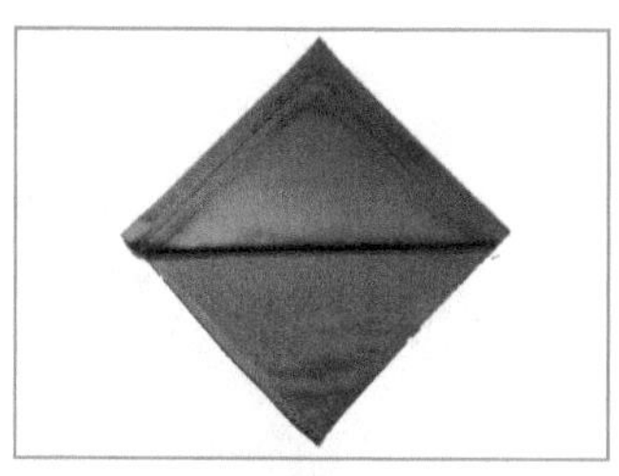

❸ 向上翻折第二层，间隔 1.5 cm

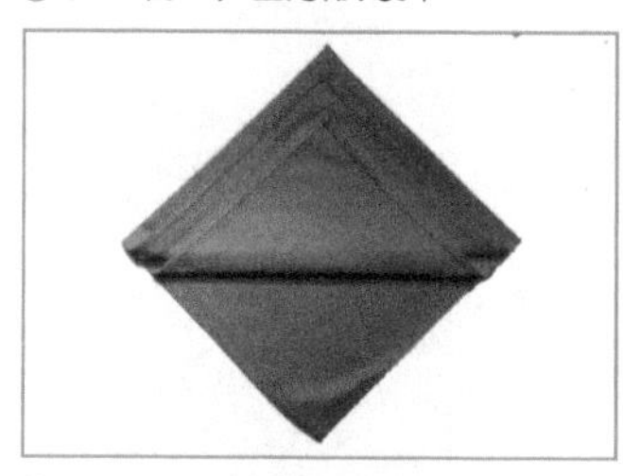

❹ 向上翻折第三层，间隔 1.5 cm

❺ 捏住一角，平行推折

❻ 均匀推折，推折高度 1.5 cm

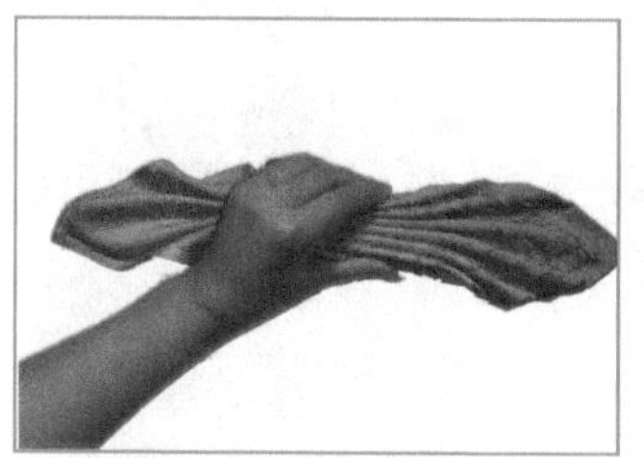

❼ 推折高度一致，中轴对称

❽ 理平剩余部分，准备包裹

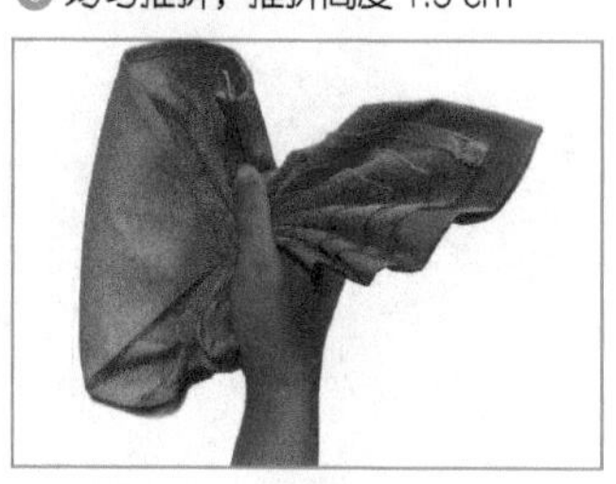

❾ 下边角向上翻折，准备包裹

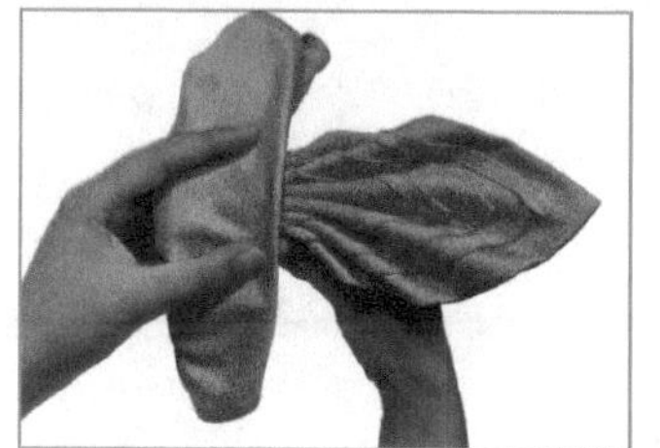

❿ 二次向上翻折，准备包裹

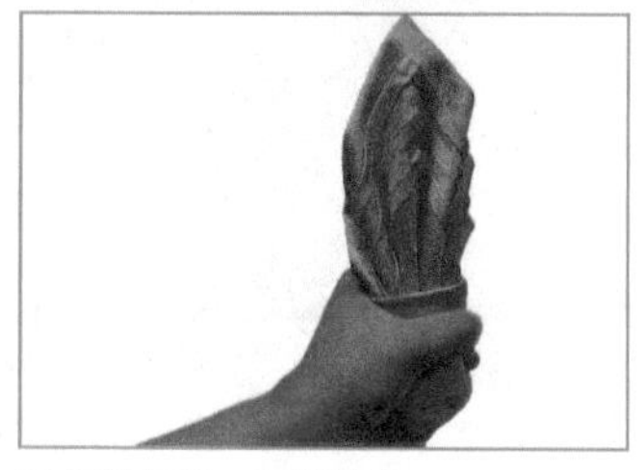

⓫ 平整包裹，翻拉叶尖

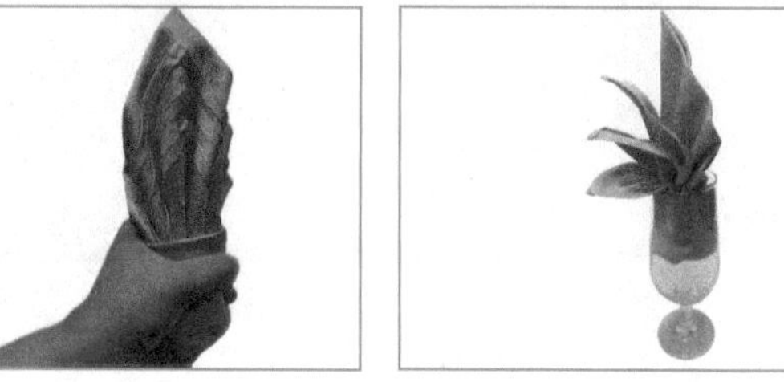

⓬ 整理落杯，微调成型

| 图 2-34 |　冰玉水仙折花步骤

（七）幸运四叶

意象解析

“幸运四叶”，以四叶草为原型创意制作，是幸运与吉祥的象征。由于其极难找到，被认为会给人们带来好运，因此有着幸福的寓意，放于餐桌之上可祝客人拥有幸福人生。此外，其还有健康、名誉和财运的象征，可送给长辈表达祝福。

幸运四叶折花步骤如图 2-35 所示。

幸运四叶折花视频

分解步骤

❶ 正面朝上，四方形对折

❷ 捏住四边巾角端，平行推折

❸ 中轴对称，推折成叶

❹ 五折为宜，推折高度一致

❺ 理平剩余部分，准备包裹

❻ 左边角向里翻折，准备包裹

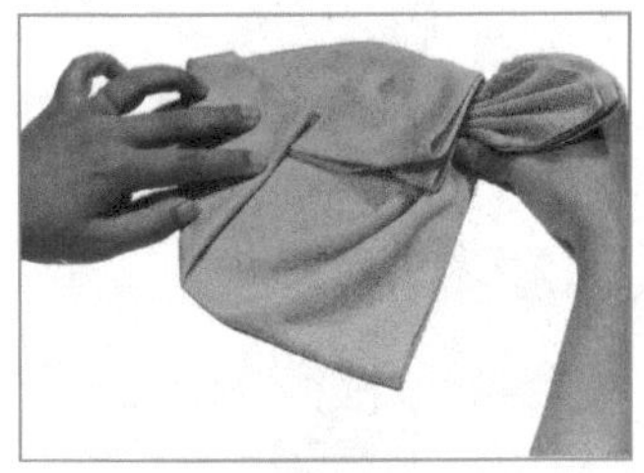

❼ 下边角向上翻折，准备包裹

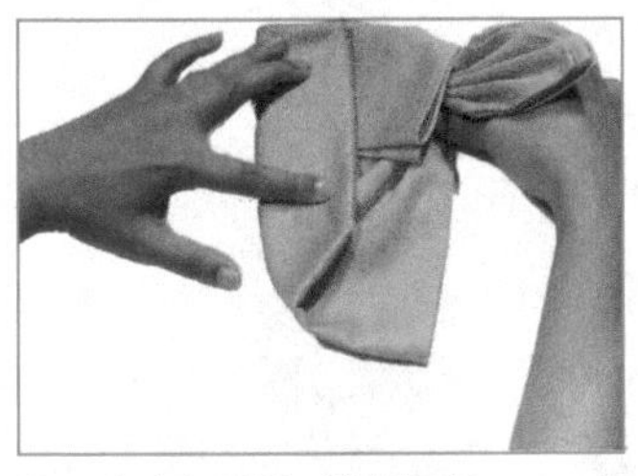

❽ 二次向上翻折，准备包裹

❾ 三次向上翻折，准备包裹

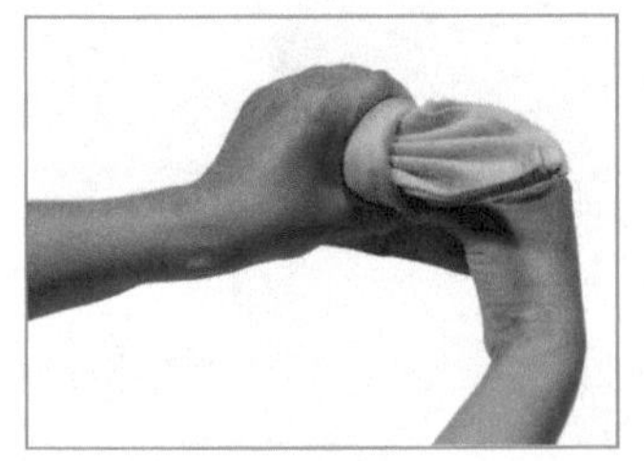

❿ 平整包裹，整理边缘

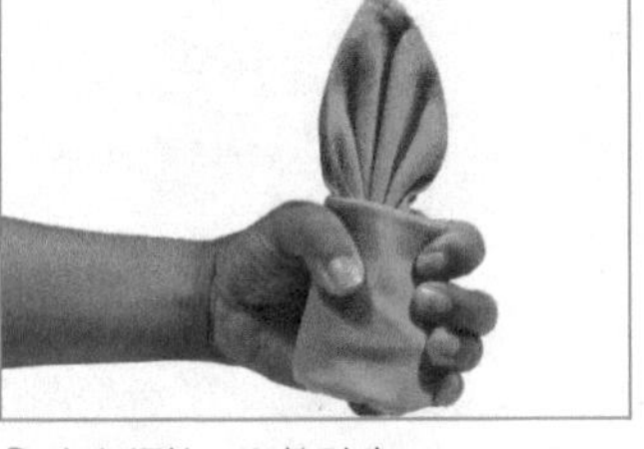

⓫ 向上提拉，翻拉叶尖

⓬ 整理落杯，微调成型

| 图 2-35 | 幸运四叶折花步骤

（八）一叶知秋

意象解析

“一叶知秋”，以梧桐叶为原型创意制作，象征着忠贞的爱情。古人认为梧桐是一种智慧之树，能知秋闰秋，所谓一叶落而知天下秋，故梧桐又是智慧的象征，在古诗中亦象征着高洁、美好的品格。

一叶知秋折花步骤如图 2-36 所示。

一叶知秋折花视频

分解步骤

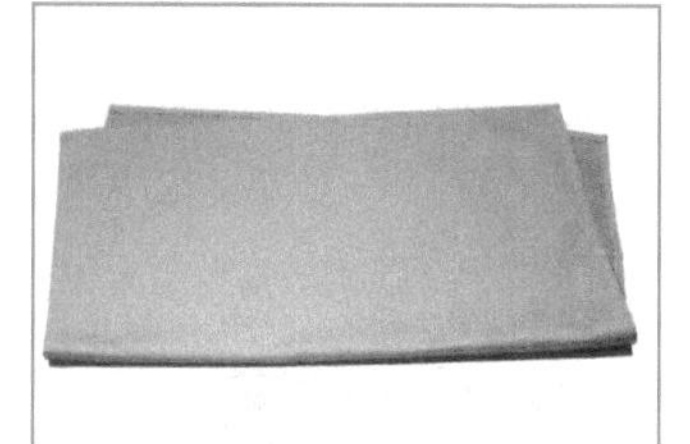

❶ 反面朝上，斜角对折

❷ 二次对折，巾角留 2.5 cm

❸ 捏住一角，平行推折

❹ 中轴对称，推折成叶

❺ 五折为宜，推折高度一致

❻ 理平剩余部分，准备包裹

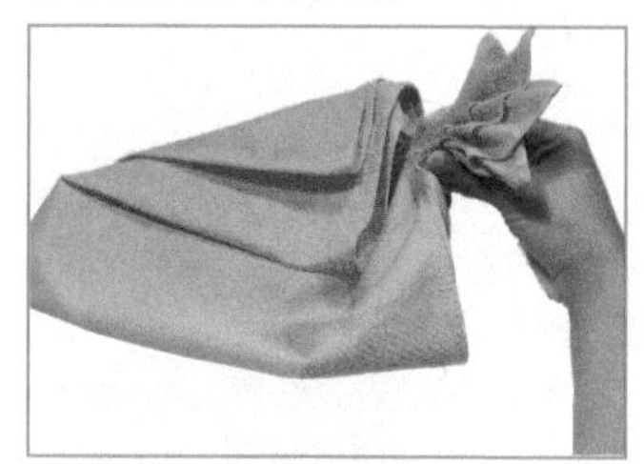

❼ 左边角向里翻折，准备包裹

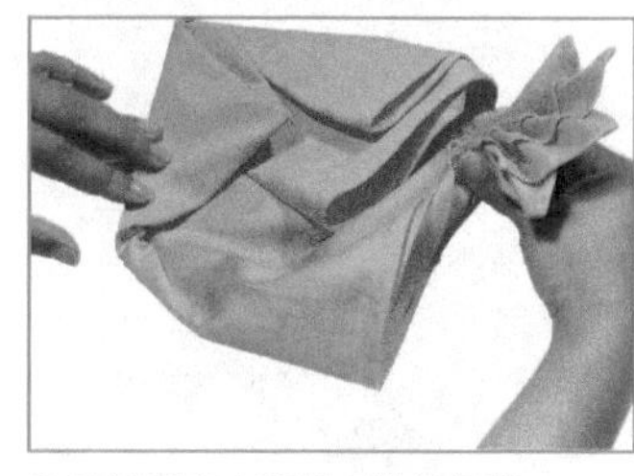

❽ 下边角向上翻折，准备包裹

❾ 二次向上翻折，准备包裹

❿ 三次向上翻折，准备包裹

⓫ 平整包裹，翻拉叶尖

⓬ 整理落杯，微调成型

| 图 2-36 |　一叶知秋折花步骤

（九）大叶芭蕉

意象解析

“大叶芭蕉”，以蕉叶为原型创意制作。蕉叶，有“卷”与“展”的不同形象。蕉叶是我国陶瓷和青铜器中最常见的纹饰之一，至今不衰，有着美好的寓意。芭蕉的大叶，象征着主人的“大业”，承受雨露滋润，是传统文化中的兴旺之物。

大叶芭蕉折花步骤如图 2-37 所示。

分解步骤

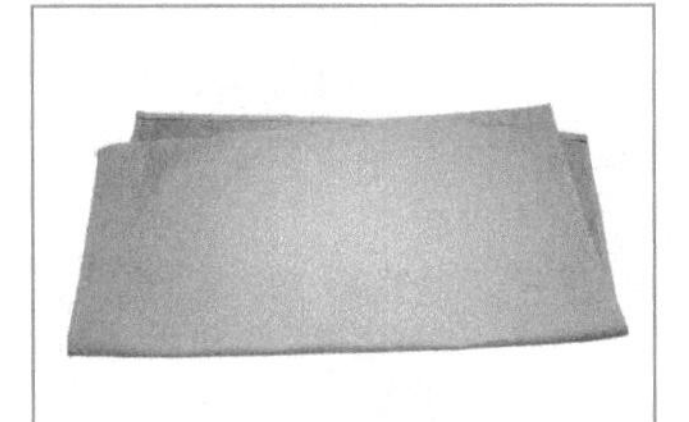

❶ 反面朝上，斜角对折

❷ 二次对折，巾角高度 2.5 cm

❸ 单层边角，向上翻折

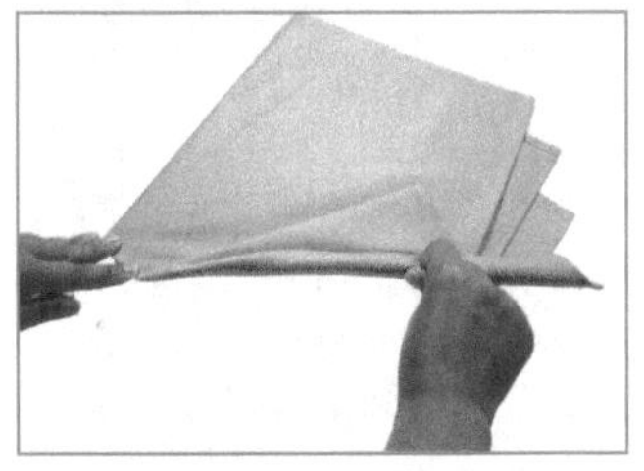

❹ 左指尖定位，右手平行卷

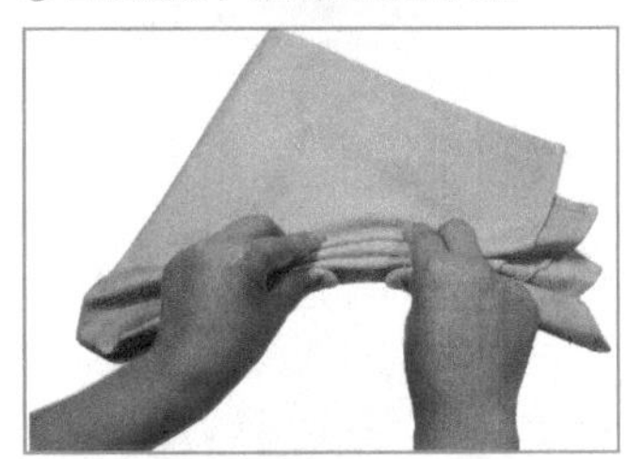

❺ 双手固定，平行推折

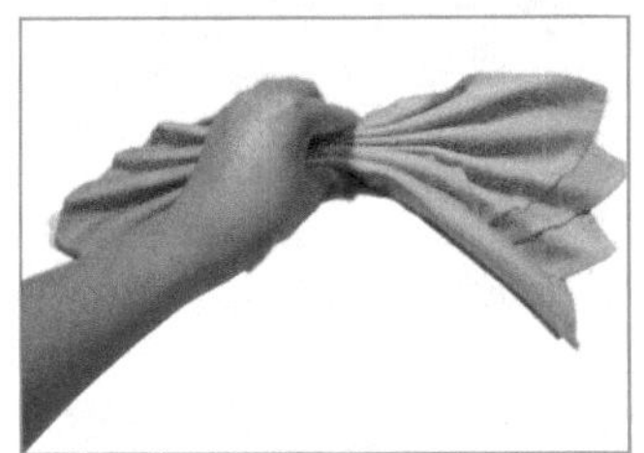

❻ 推卷高度一致，中轴对称

❼平整对折，翻拉叶尖

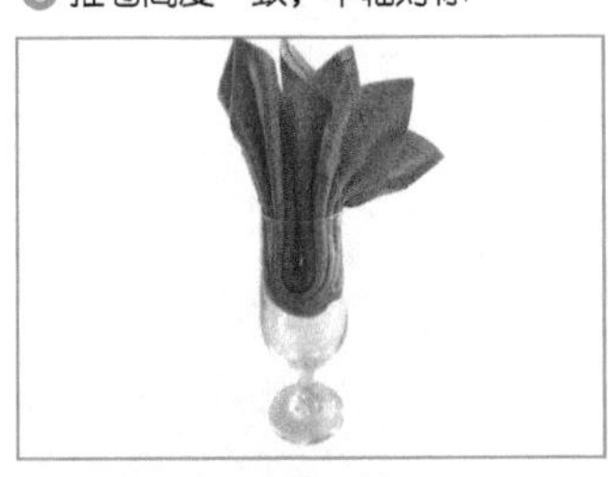

❽ 整理落杯，微调成型

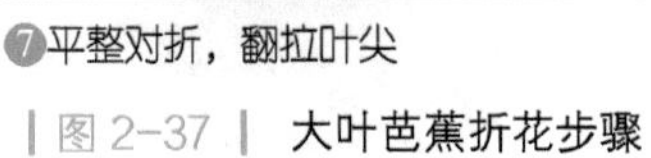

| 图 2-37 | 大叶芭蕉折花步骤

大叶芭蕉折花视频

（十）桃香四溢

意象解析

“桃香四溢”，此花形以桃子为原型创意制作。自古以来，桃始终被作为福寿吉祥的象征，有仙桃寿果之美称，更有着健康长寿的美好寓意。

桃香四溢折花步骤如图 2-38 所示。

分解步骤

❶ 反面朝上，四方形对折

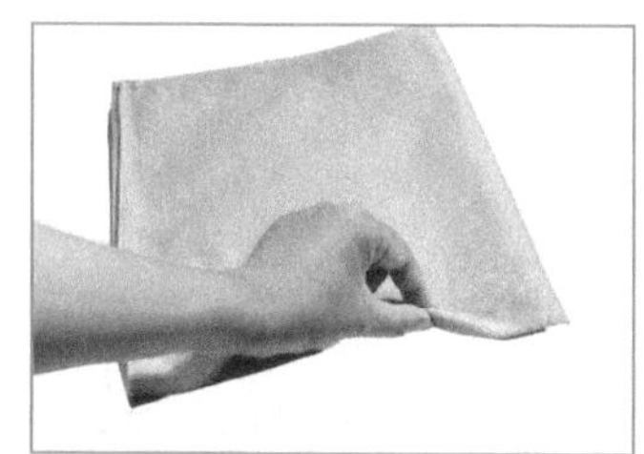

❷ 捏住两层巾角端，平行推折

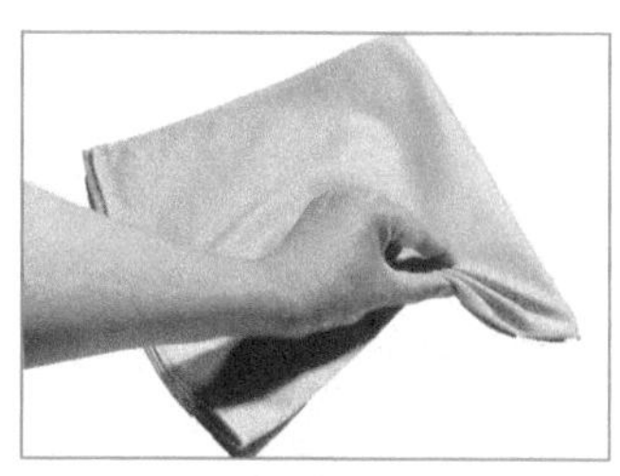

❸ 中轴对称，推折成形

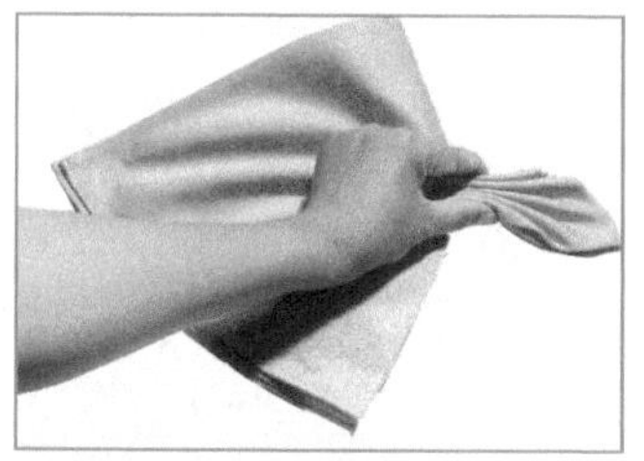

❹ 五折为宜，推折高度一致

❺ 一次提拉巾角，翻拉成叶

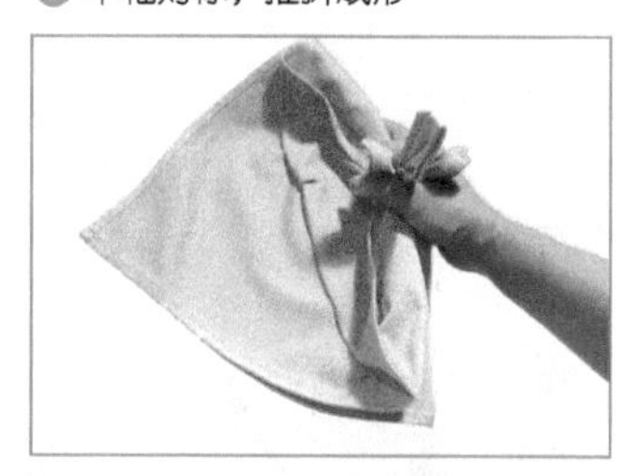

❻ 二次提拉巾角，向后翻拉成叶

❼ 左边角向里翻折，准备包裹

❽ 下边角向上翻折，准备包裹

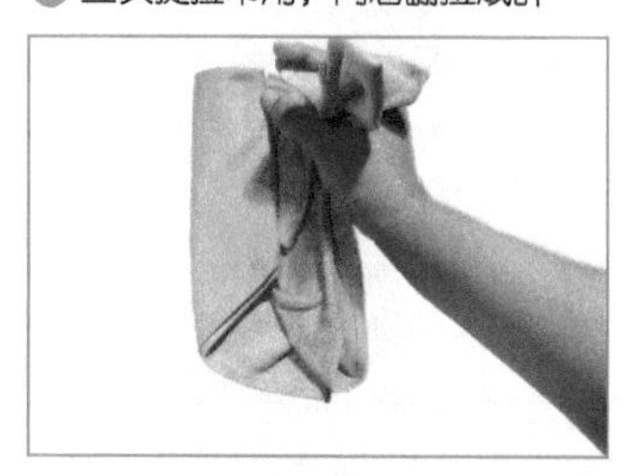

❾ 二次向上翻折，准备包裹

❿ 平整包裹，翻拉叶尖

⓫ 整理落杯，微调成型

桃香四溢折花视频

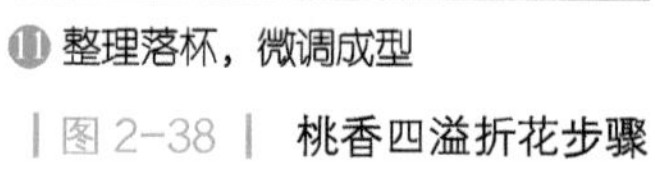

| 图 2-38 |　桃香四溢折花步骤

（十一）太阳花

意象解析

“太阳花”，以向阳而生的太阳花为原型创意制作，象征着阳光和朝气，给人一种乐观向上的感觉。寓意着乐观勇敢、自强不息、欣欣向荣，也可暗指有着优秀品质的人。

太阳花折花步骤如图 2-39 所示。

太阳花折花视频

分解步骤

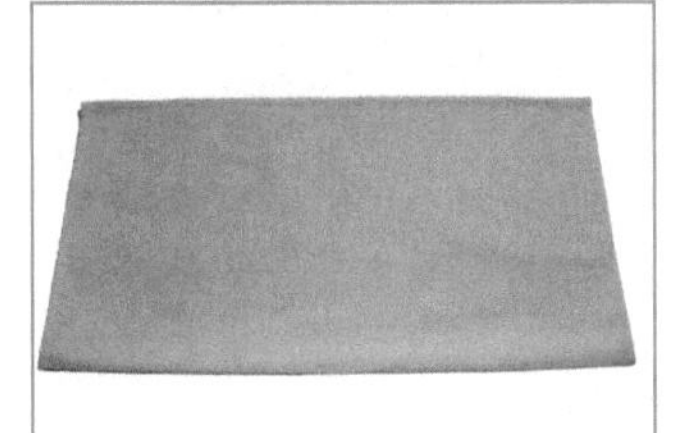

❶ 反面朝上，矩形对折

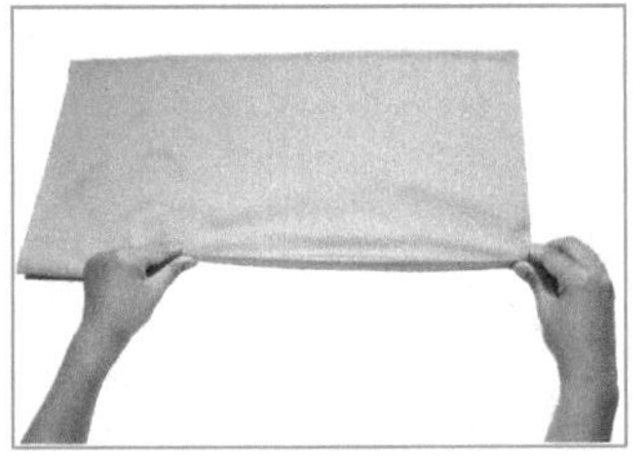

❷ 由前往后，平行推折

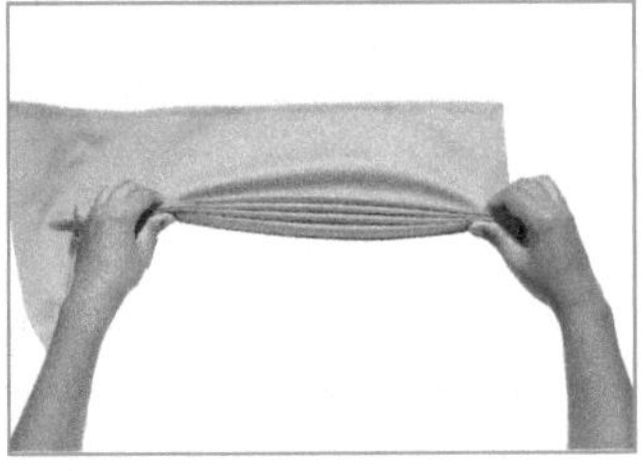

❸ 推折高度以 1.5 cm 为宜

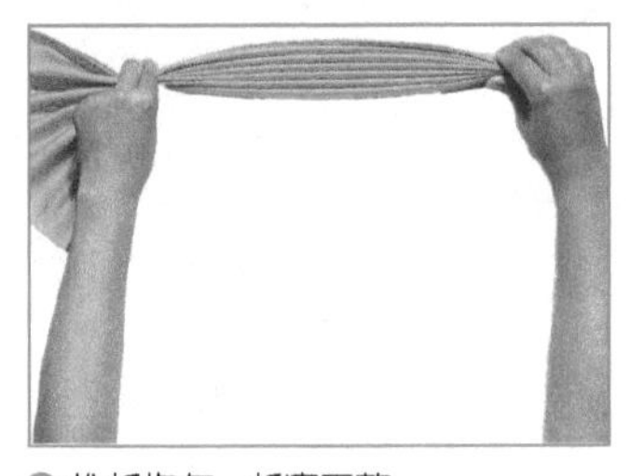

❹ 推折均匀，折痕平整

❺ 左端对折，左右两端留长备用

❻ 左端留长部分，提拉两巾角做叶

❼ 理平右端剩余部分，准备包裹

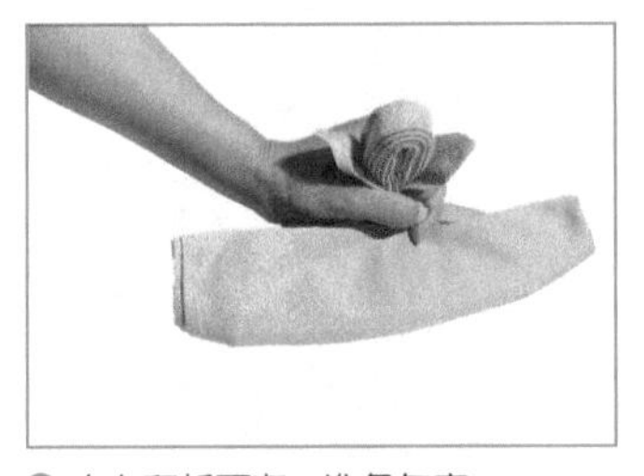

❽ 向上翻折两次，准备包裹

❾ 三次向上翻折，准备包裹

❿ 平整包裹，翻拉叶尖

⓫ 整理落杯，微调成型

| 图 2-39 |　太阳花折花步骤

（十二）枯木逢春

意象解析

“枯木逢春”，以枯木和花为原型创意、融合制作，意指枯干的树木遇到了春天，又恢复了活力。枯木逢春，陈花重放，比喻垂危的病人或事物重新获得生机，象征着绝处可逢生的顽强生命力。

枯木逢春折花步骤如图 2-40 所示。

分解步骤

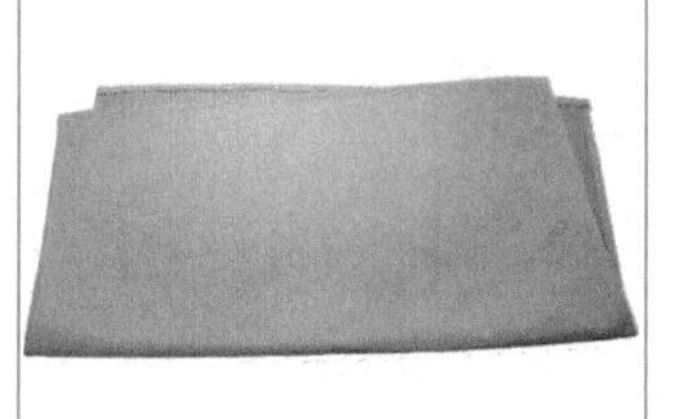

❶ 反面朝上，斜角对折

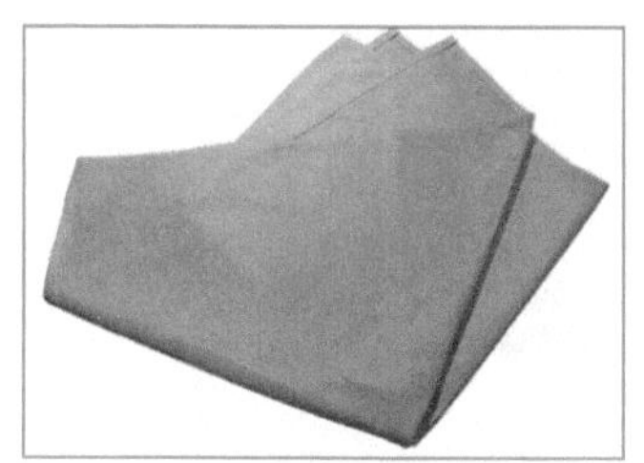

❷ 二次对折，巾角高度 2 cm

❸ 单层边角，向右平卷

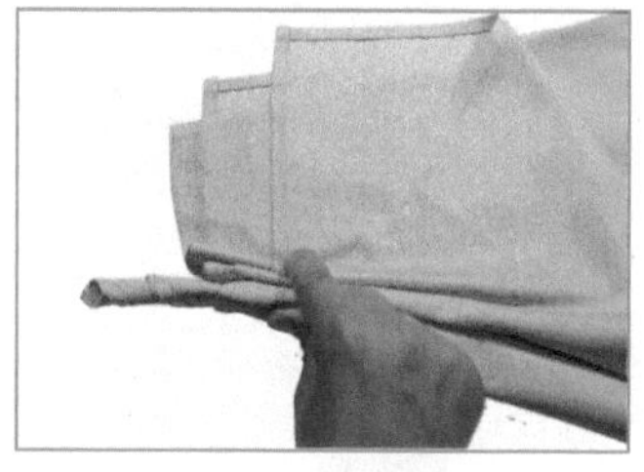

❹ 卷至三巾角边，平行推折

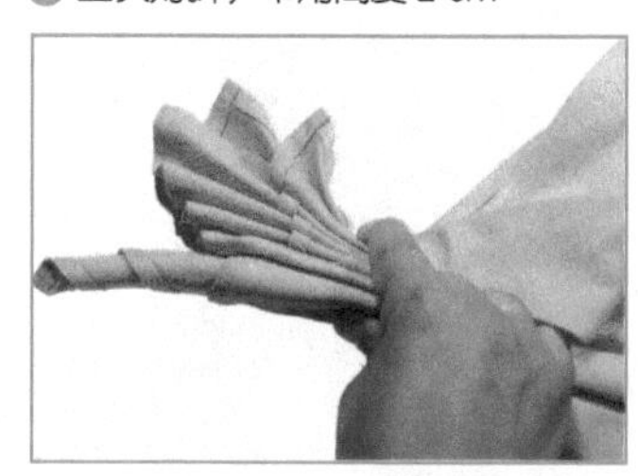

❺ 推卷高度一致，中轴对称

❻ 理平剩余部分，准备包裹

❼ 外边角向里翻折，准备包裹

❽ 三次向上翻折，平整包裹

❾ 整理落杯，微调成型

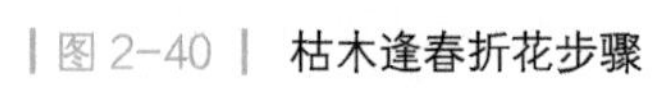

| 图 2-40 | 枯木逢春折花步骤

枯木逢春折花视频

（十三）桃李天下

意象解析

“桃李天下”，以桃和李为原型创意制作，比喻学生很多，各地都有。“桃李天下”是中华民族赞誉教师的名言，赞美教师几十年教学生涯培育的学生遍布天下。

桃李天下折花步骤如图 2-41 所示。

分解步骤

❶ 反面朝上，四方形对折

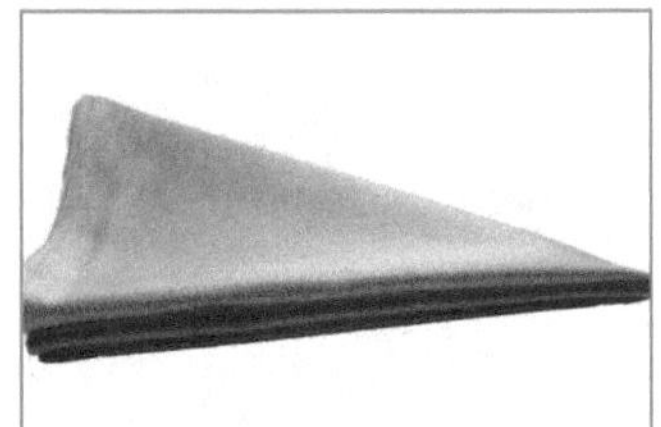

❷ 三角形对折，三层巾角端朝右

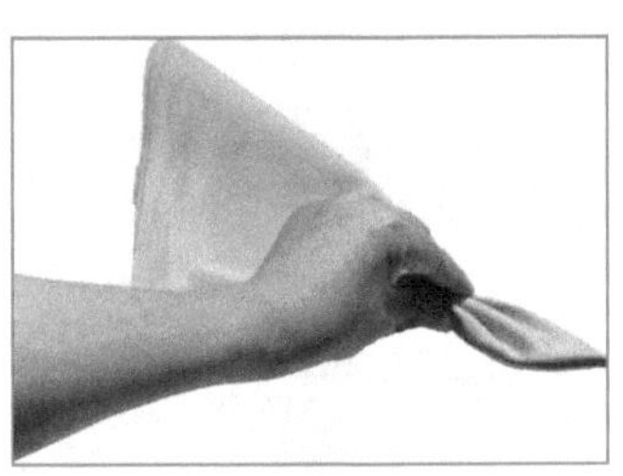

❸ 平行推折，弧形推折成刀形

❹ 左边角向里翻折，准备包裹

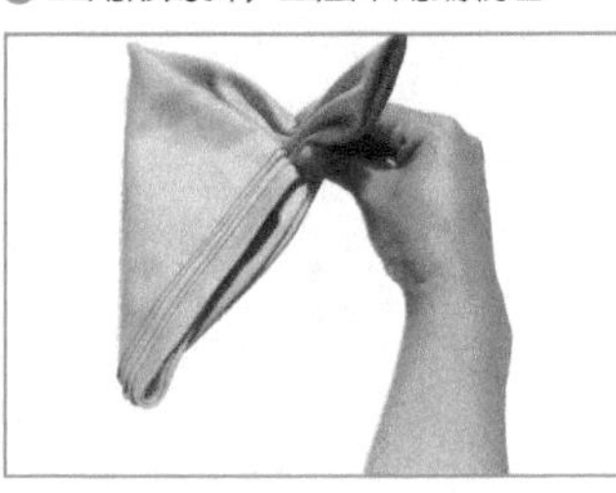

❺ 下边角向上翻折，准备包裹

❻ 二次向上翻折，准备包裹

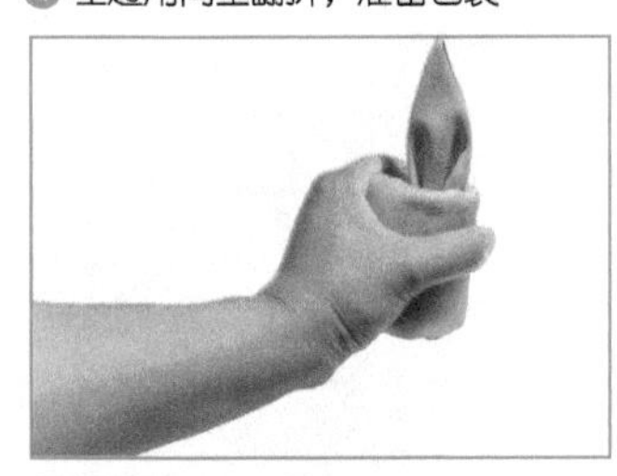

❼ 平整包裹，整理边角

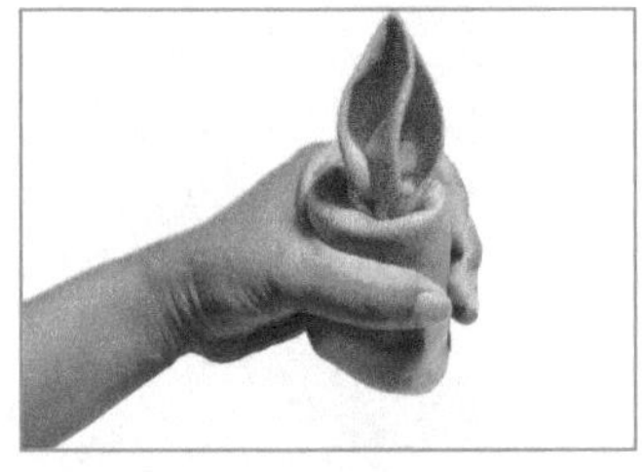

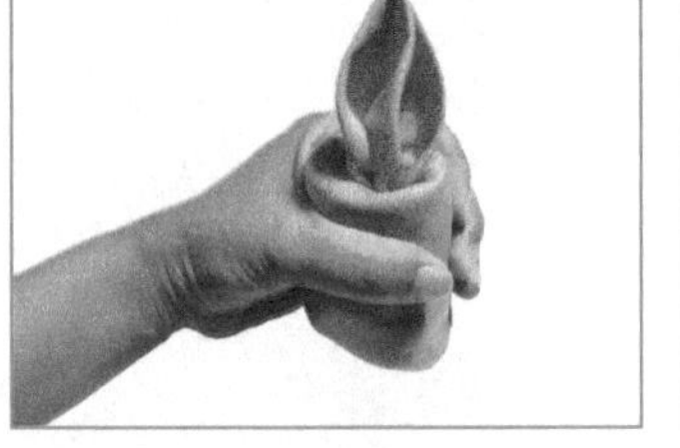

❽ 拗出造型，翻拉叶尖

❾ 整理落杯，微调成型

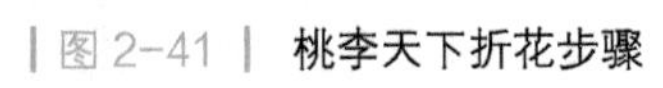

图 2-41　桃李天下折花步骤

桃李天下折花视频

（十四）春生新芽

意象解析

“春生新芽”，以春天新生的嫩芽为原型创意制作。春天万物复苏、推陈出新、生机盎然、新芽萌生。春生新芽，代表着新的希望，象征着生命的生机勃勃，寓意着一个新的开始及对未来的希望与期盼。

春生新芽折花步骤如图 2-42 所示。

分解步骤

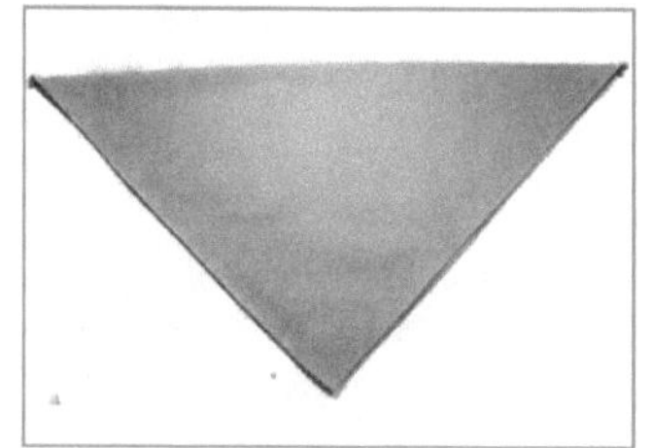

❶ 反面朝上，三角形对折

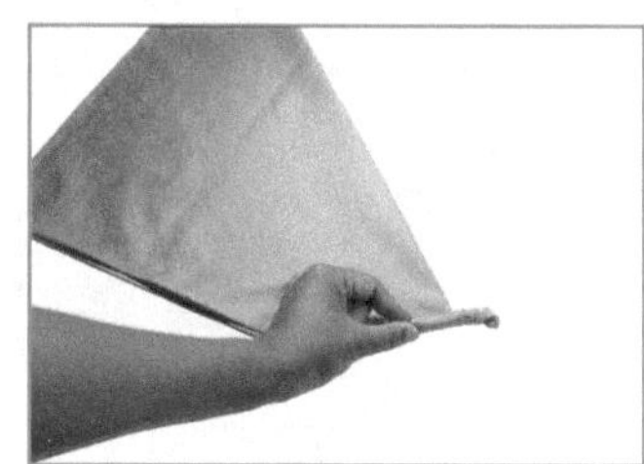

❷ 固定巾角一端，斜卷

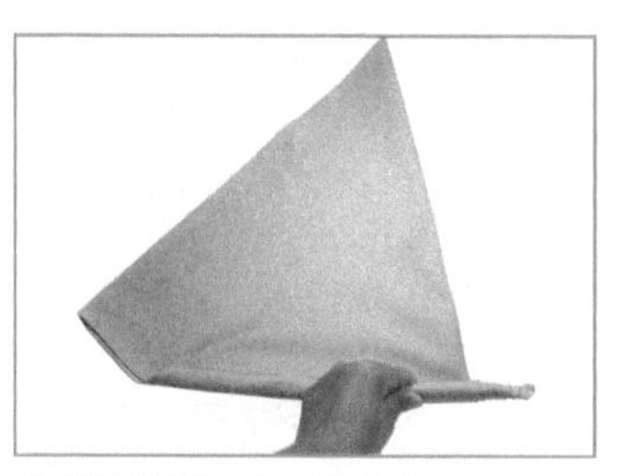

❸ 双手拉紧，卷至三分之一

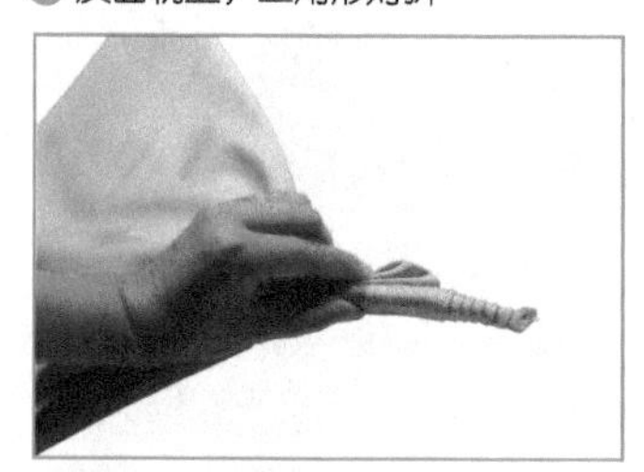

❹ 双手捏紧，续推三折

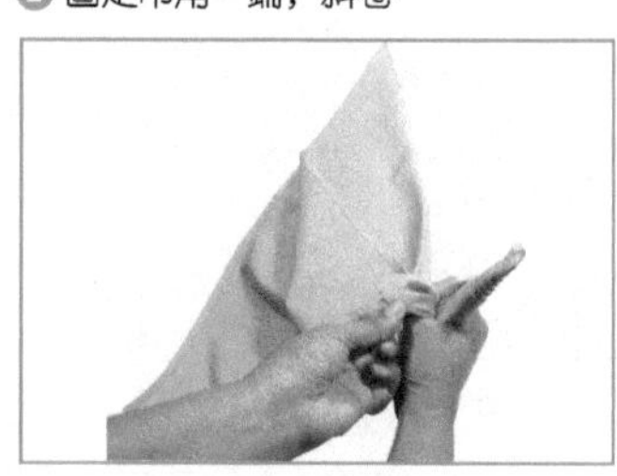

❺ 一次提拉巾角，翻拉成叶

❻ 二次提拉巾角，向后翻拉成叶

❼ 理平剩余部分，准备包裹

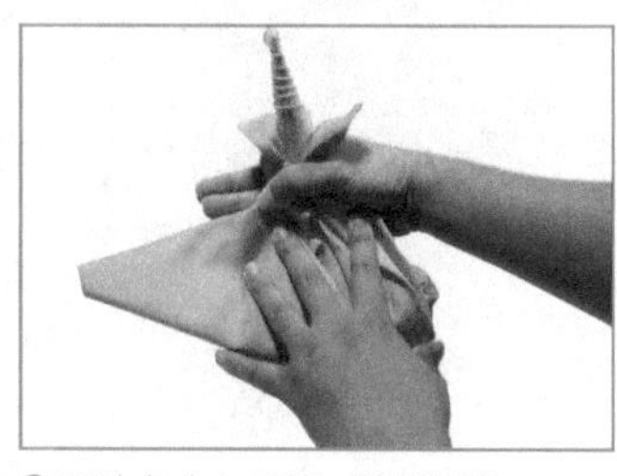

❽ 下边角向上翻折，准备包裹

❾ 二次向上翻折，包裹翻拉

❿ 整理落杯，微调成型

春生新芽折花视频

| 图 2-42 | 春生新芽折花步骤

（十五）团团圆圆

意象解析

“团团圆圆”，此花形以圆为特征创意制作，象征着“圆满”和“饱满”。花形圆润和谐，寓意团圆、合家欢乐、幸福美满，更象征着事物的圆满和美好。

团团圆圆折花步骤如图 2-43 所示。

团团圆圆
折花视频

分解步骤

❶ 反面朝上，三角形对折

❷ 右手固定中心，左手弧形推折

❸ 推折高度以 0.5 cm 为宜

❹ 中轴对称，弧形推折成圆

❺ 提拉巾角一端，翻拉成叶

❻ 控制高度，叶子低于圆形部位

❼ 提拉巾角另一端，翻拉成叶

❽ 理平剩余部分，准备包裹

❾ 下边角向上翻折，准备包裹

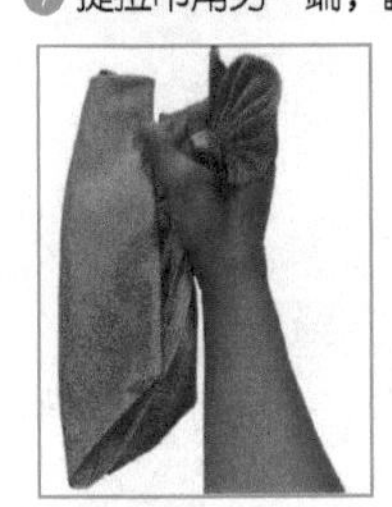

❿ 二次向上翻折，准备包裹

⓫ 三次向上翻折，准备包裹

⓬ 平整包裹，整理边缘

⓭ 整理落杯，微调成型

| 图 2-43 | 团团圆圆折花步骤

（十六）贝壳花

意象解析

“贝壳花”，此花形以草本植物贝壳花为原型创意制作，花形奇异，形似贝壳，素雅美观。贝壳花生长健壮，极少病害，寓意着“健康”，花形以“圆”为特征，亦有“圆满”之意。

贝壳花折花步骤如图 2-44 所示。

贝壳花折花视频

分解步骤

❶ 反面朝上，四方形对折

❷ 右手固定一点，左手弧形推折

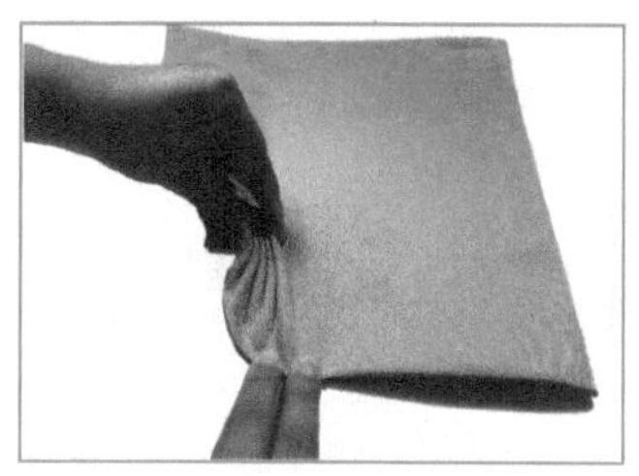

❸ 推折高度以 0.5 cm 为宜

❹ 中轴对称，弧形推折成圆

❺ 理平剩余部分，准备包裹

❻ 左边角向里翻折，准备包裹

❼ 一次向上翻折，准备包裹

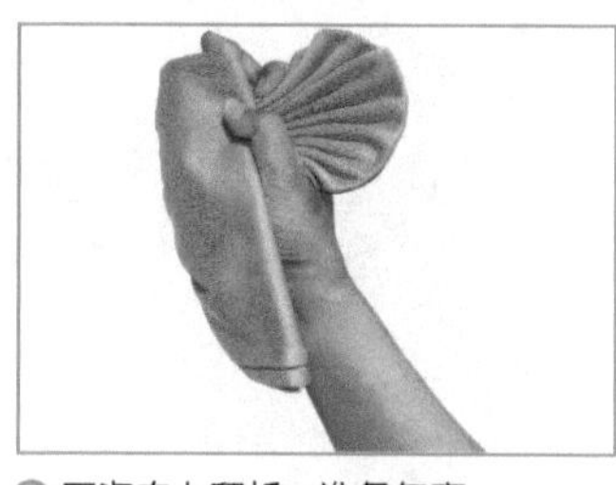

❽ 二次向上翻折，准备包裹

❾ 平整包裹，整理边缘

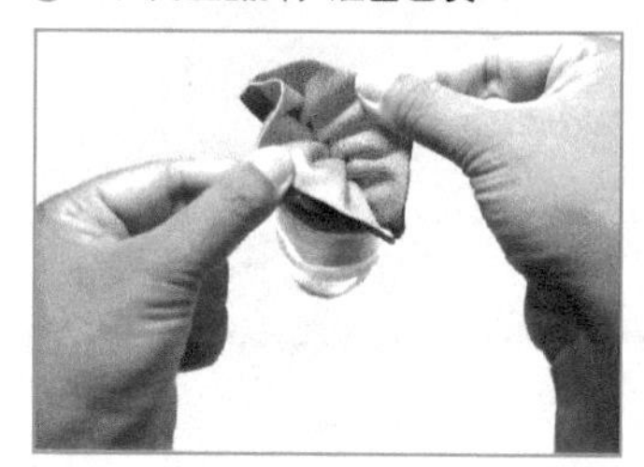

⓾ 落杯整理，翻拉两叶

⓫ 完全拉开两叶

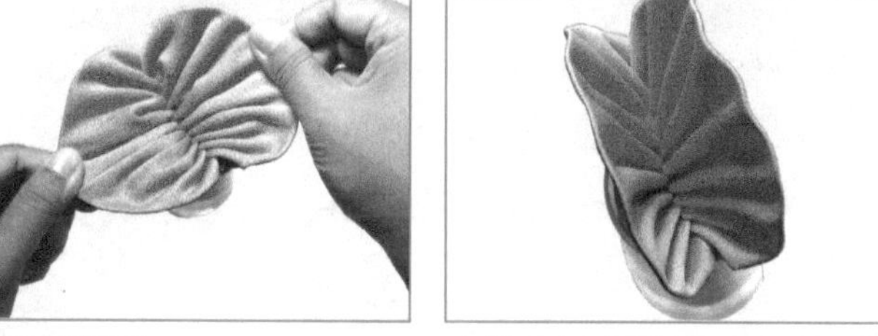

⓬ 将两叶向上提拉，理平，微调成型

| 图 2-44 |　贝壳花折花步骤

（十七）荷叶田田

意象解析

“荷叶田田”，此花形以荷叶为原型创意制作。荷叶有着清廉纯净的寓意，象征着清正廉明的好官。叶子紧凑而生又代表着和睦团结，古有友人互赠荷叶，以寄托自己的思念之情。另外荷叶还有着开枝散叶以及吉祥如意的寓意。“荷”与“合”同音，也寓意着平安、团圆。

荷叶田田折花步骤如图 2-45 所示。

荷叶田田

折花视频

分解步骤

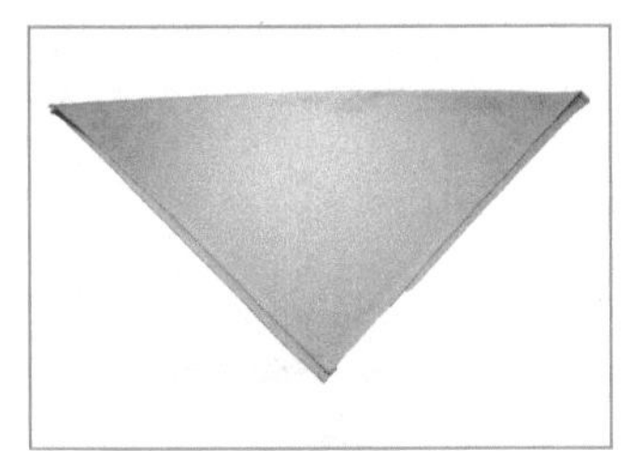

❶ 反面朝上，三角形对折

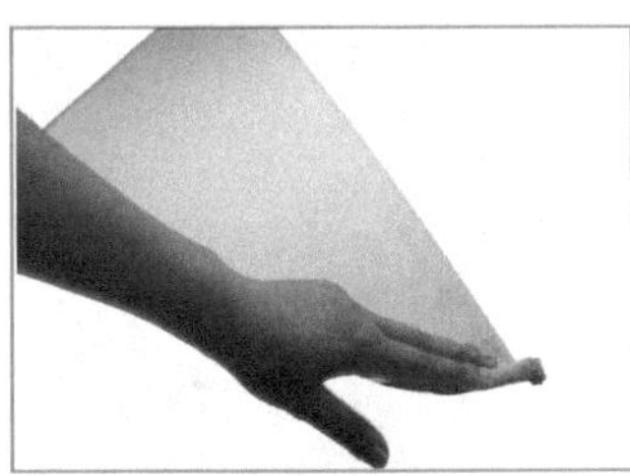

❷ 固定巾角一端，斜卷

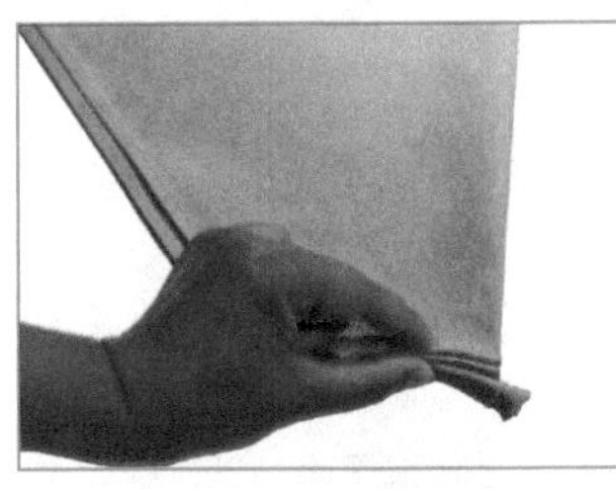

❸ 卷紧卷细，卷三卷后推折

❹ 平行推折，推折高度 1 cm

❺ 以卷为中心，推折部分向后裹

❻ 顶端高度一致，裹圆捏紧

❼ 理平剩余部分，准备包裹

❽ 下边角向上三角翻折，准备包裹

❾ 向上对折三次，平整包裹

❿ 以卷为中心，翻拉叶边

⓫ 落杯整理，指尖用力向下翻拉

⓬ 整理边缘，微调成型

| 图 2-45 | 荷叶田田折花步骤

（十八）葵叶似锦

意象解析

“葵叶似锦”，以散尾葵为原型创意制作。散尾葵植株有助益事业、四面腾达、祥瑞吉利的美好寓意。

葵叶似锦折花步骤如图 2-46 所示。

葵叶似锦折花视频

分解步骤

❶ 反面朝上，三角形对折

❷ 固定巾角一端，斜卷

❸ 卷紧卷细，卷 5 ~ 6 卷

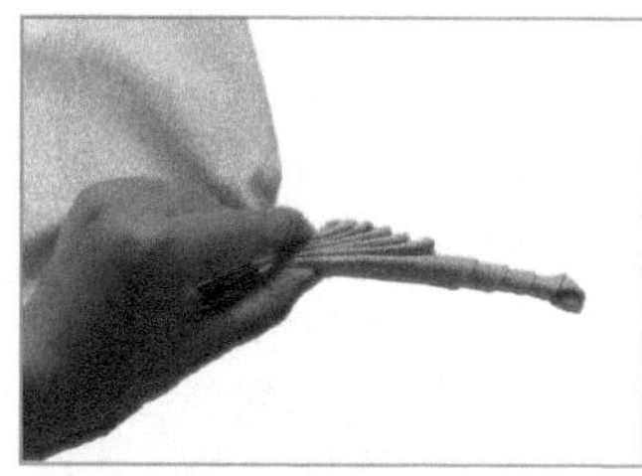

❹ 卷后捏紧，平行推 5 折

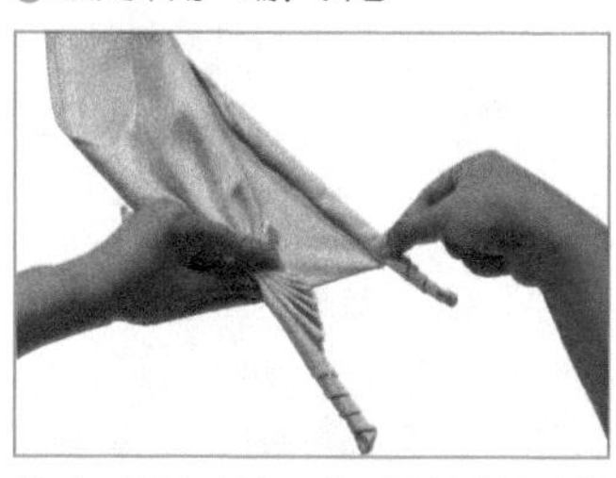

❺ 左手固定左边，右手重复左边动作

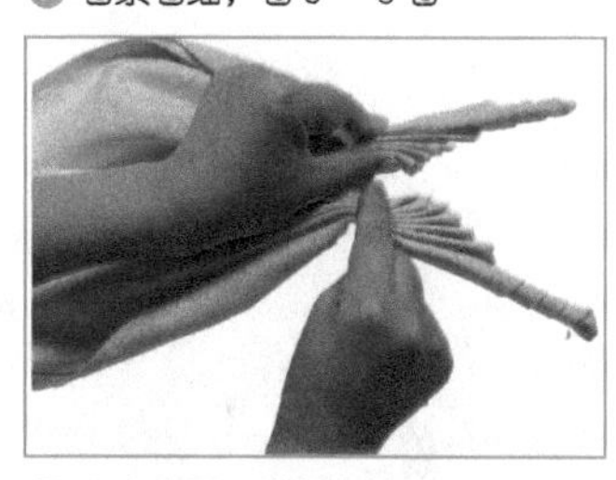

❻ 左高右低，错落有致

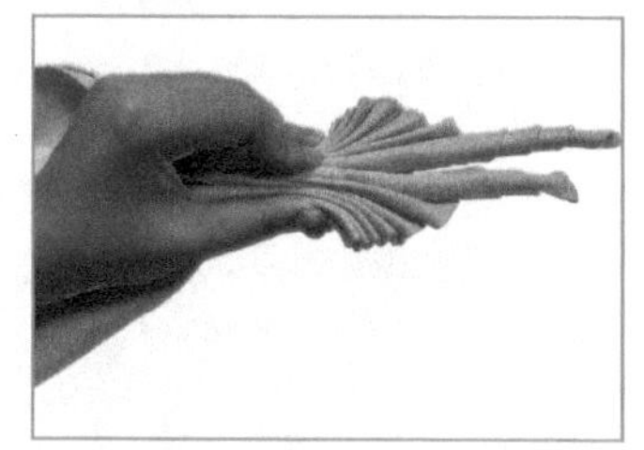

❼ 卷轴相邻，两两相对

❽ 理平剩余部分，准备包裹

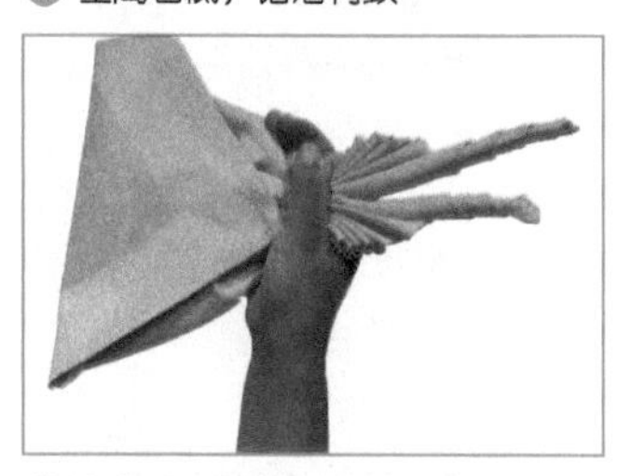

❾ 边角向上翻折，准备包裹

❿ 二次向上翻折，准备包裹

⓫ 三次向上翻折，准备包裹

⓬ 平整包裹，整理边缘

⓭ 整理落杯，微调成型

| 图 2-46 |　葵叶似锦折花步骤

（十九）蒹葭舞秋

意象解析

“蒹葭舞秋”，以秋日水边之芦苇为原型创意制作。灵感来源于诗句：“蒹葭苍苍，白露为霜。所谓伊人，在水一方。”它有着思念的意义。蒹葭，象征心中的追求，寓意着对美好事物的执着追求和对美好情感的无限向往！

蒹葭舞秋折花步骤如图 2-47 所示。

分解步骤

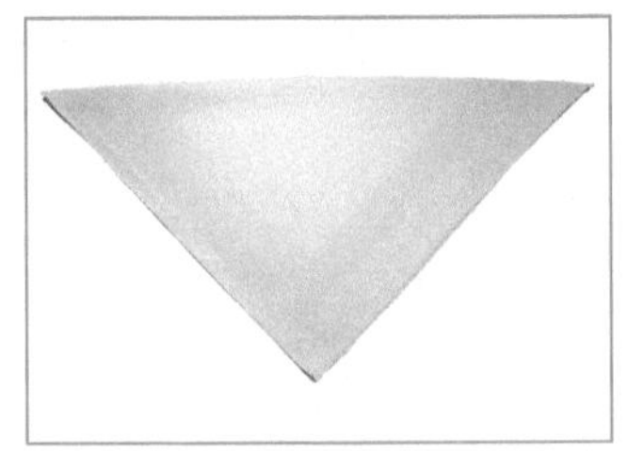

❶ 反面朝上，三角形对折

❷ 捏住一角，平行推折成叶

❸ 左手固定左叶，右手推折右叶

❹ 三折为宜，右高左低

❺ 下巾角上提，做成左边叶

❻ 并排组合，边叶高度 2 cm

❼ 另一巾角上提，做成右边叶

❽ 向上对折三次，准备包裹

❾ 平整包裹，翻拉叶尖

蒹葭舞秋折花视频

❿ 整理落杯，微调成型

图 2-47　蒹葭舞秋折花步骤

（二十）仙人球

意象解析

“仙人球”，以仙人球这一植物为原型创意制作，代表着坚强、坚持、执着的信念。仙人球看起来很坚强，实则内心柔软，所以在爱情中，仙人球也寓意着“将爱情进行到底，愿意用自己的全力为心爱的人遮风挡雨”的美好心愿，象征了美好的爱情。

仙人球折花步骤如图 2-48 所示。

仙人球折花视频

分解步骤

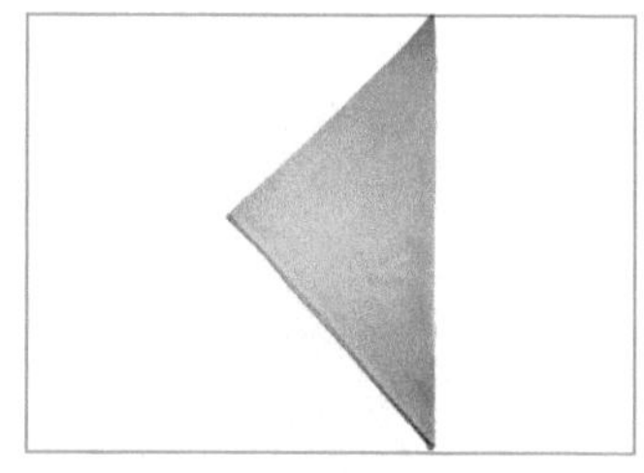

❶ 反面朝上，三角形对折

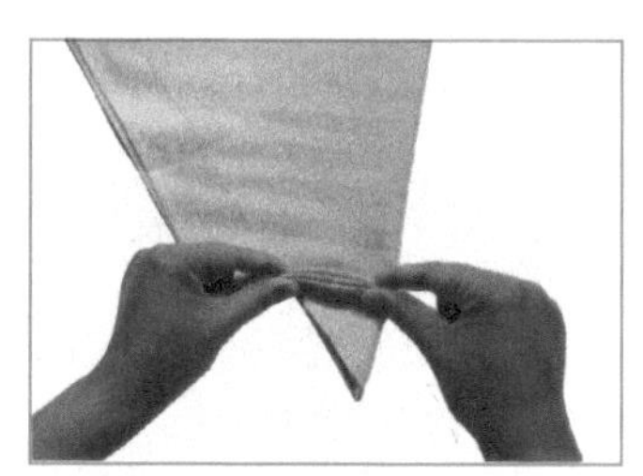

❷ 捏住一端，平行推折

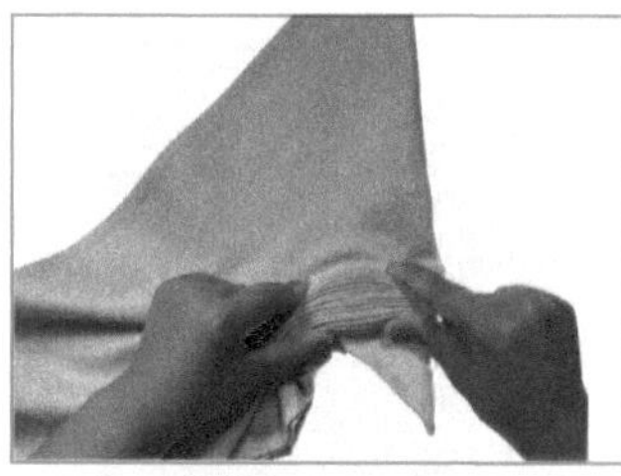

❸ 对称推折，推折高度 1 cm

❹ 中轴对称，高度一致

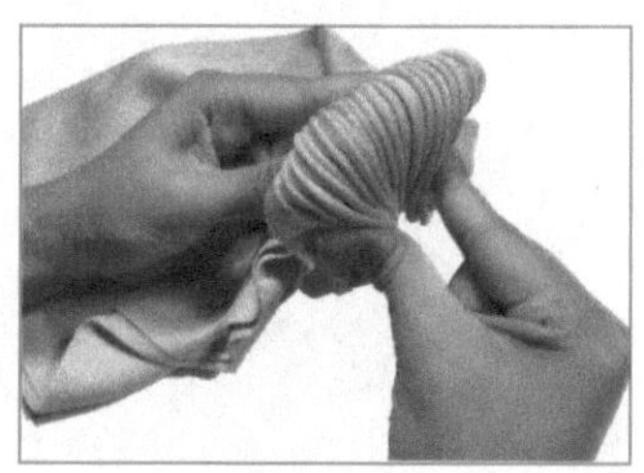

❺ 两边捏紧，向下对折

❻ 对折捏紧，准备包裹

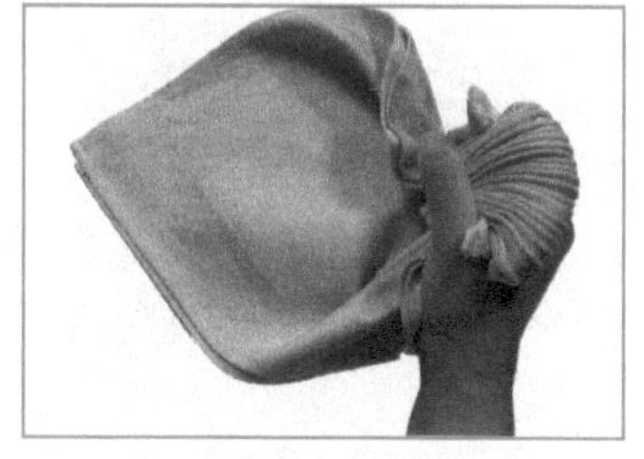

❼ 理平剩余部分，准备包裹

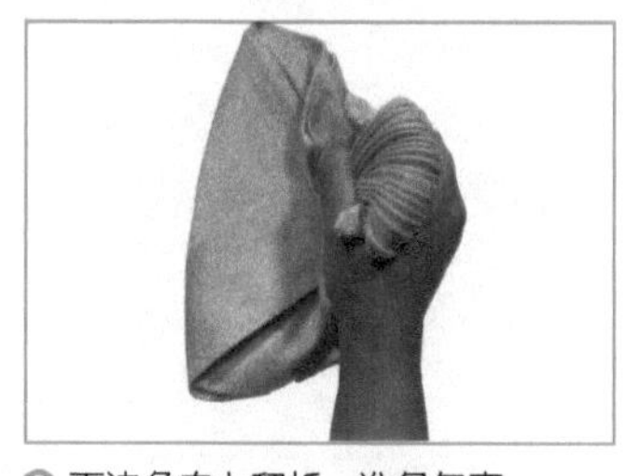

❽ 下边角向上翻折，准备包裹

❾ 二次向上翻折，准备包裹

❿ 平整包裹，准备裹圆

⓫ 左手捏紧，右手裹圆

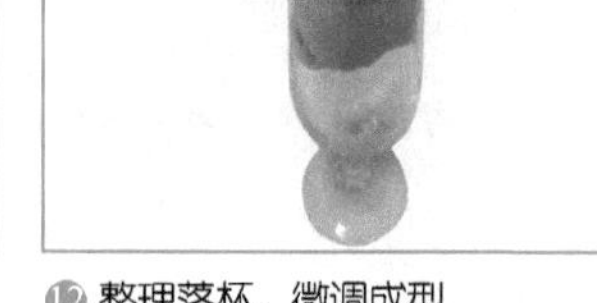

⓬ 整理落杯，微调成型

| 图 2-48 |　仙人球折花步骤

三、动物类

（一）乳燕归巢

意象解析

“乳燕归巢”，以初生乳燕为原型创意制作，象征着刚刚出生的乳燕。有着祝愿新生儿健康成长、为孩子祈祷祝福的美好寓意。

乳燕归巢折花步骤如图 2-49 所示。

分解步骤

❶ 正面朝上，四方形对折

❷ 上巾角向下翻折两层

❸ 捏住两边巾角端，平行推折

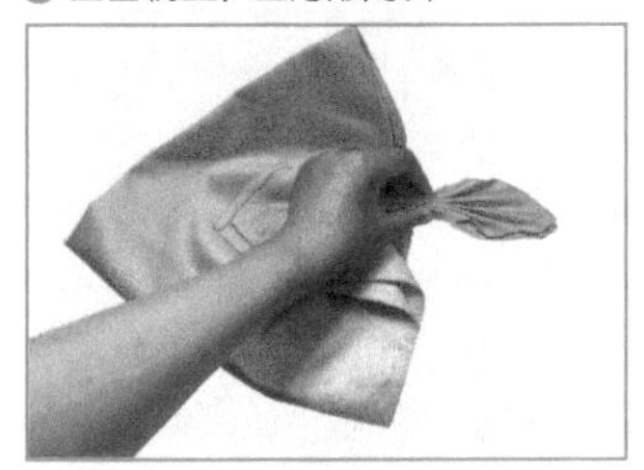

❹ 中轴对称，推折均匀

❺ 下巾角上提，三角对折

❻ S 形折叠，捏做鸟头

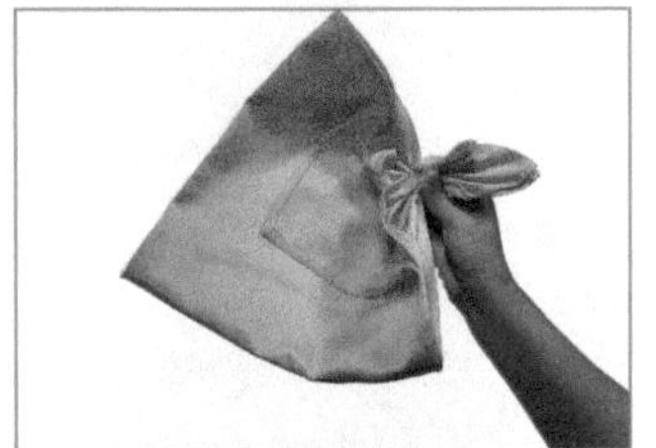

❼ 理平剩余部分，准备包裹

❽ 左边角向里翻折，准备包裹

❾ 下边角向上翻折，准备包裹

❿ 二次向上翻折，准备包裹

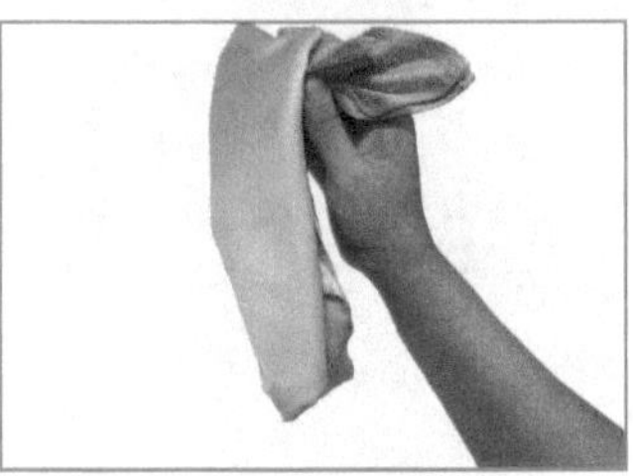
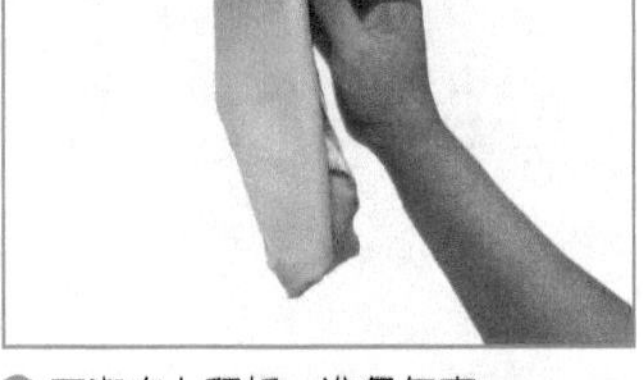
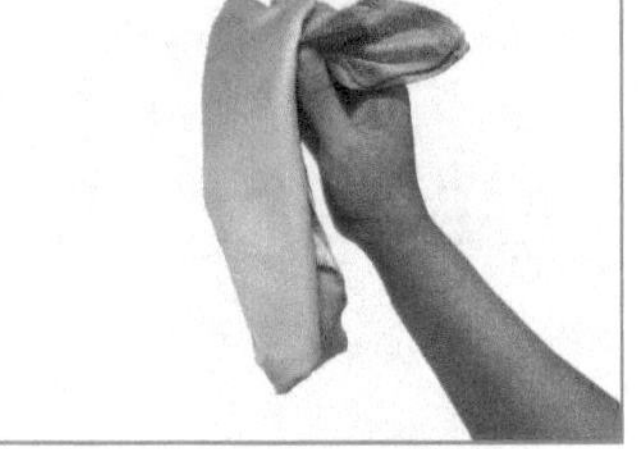

⓫ 三次向上翻折，准备包裹

⓬ 平整包裹，整理鸟尾

| 图 2-49 | 乳燕归巢折花步骤

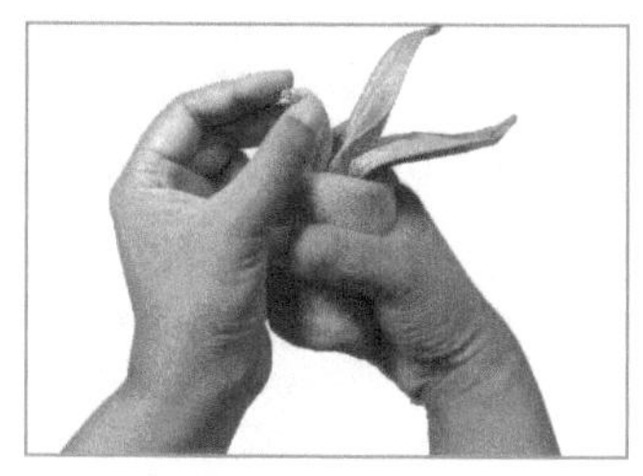

⑬ 捏做鸟嘴，翻拉鸟尾

⑭ 整理落杯，微调成型

乳燕归巢折花视频

| 图 2-49 | 乳燕归巢折花步骤（续）

（二）鸟语花香

意象解析

“鸟语花香”，以欢快歌唱的鸟儿为原型创意制作，象征着春天鸟儿的喜乐和欢快。取花名为“鸟语花香”，形容鸟叫得好听，花开得芳香，寓意着“鸟语花香”的美好生活。

鸟语花香折花步骤如图 2-50 所示。

分解步骤

① 正面朝上，四方形对折

② 四边巾角端，向下翻折一层

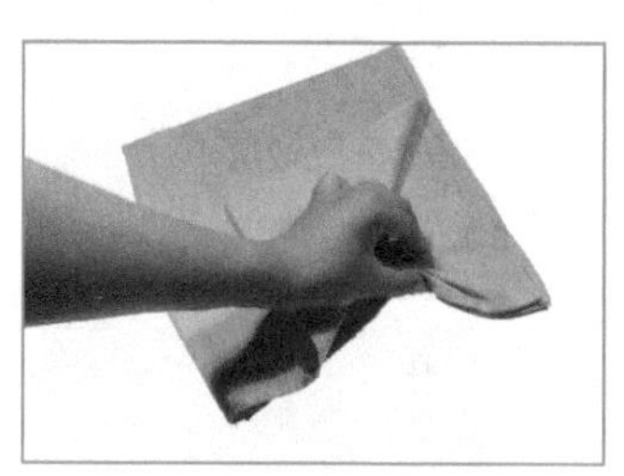

③ 捏住三边巾角端，平行推折

④ 中轴对称，推折均匀

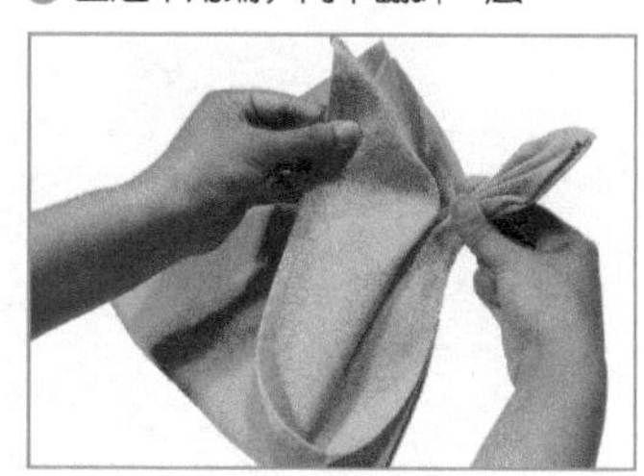

⑤ 下巾角上提，三角对折

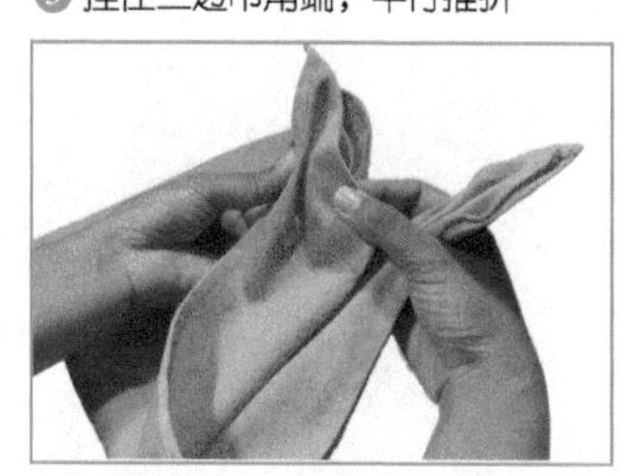

⑥ S 形折叠，捏做鸟头

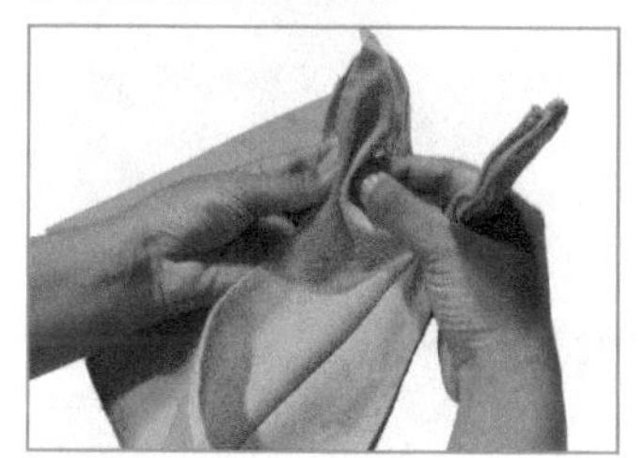

⑦ 理平剩余部分，准备包裹

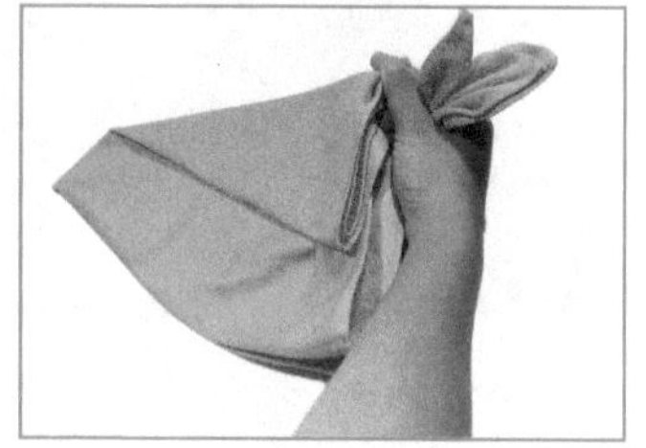

⑧ 左边角向里翻折，准备包裹

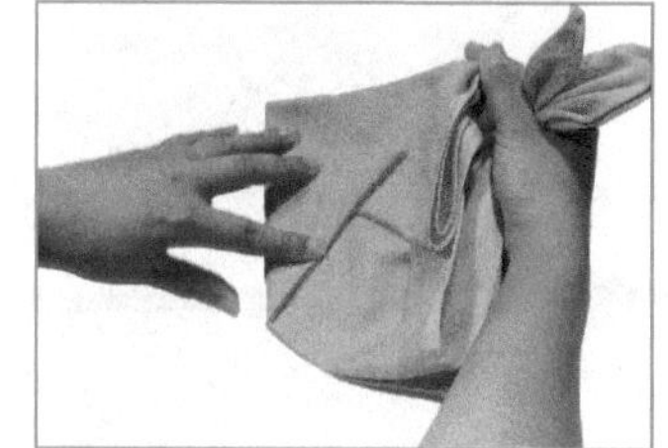

⑨ 下边角向上翻折，准备包裹

| 图 2-50 | 鸟语花香折花步骤

⑩ 二次向上翻折，准备包裹

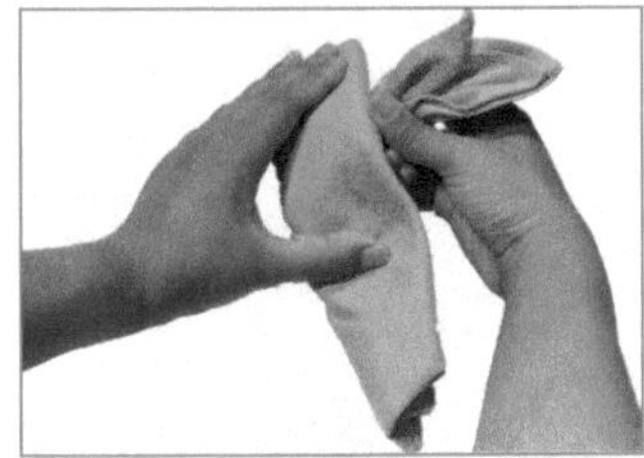
⑪ 三次向上翻折，准备包裹

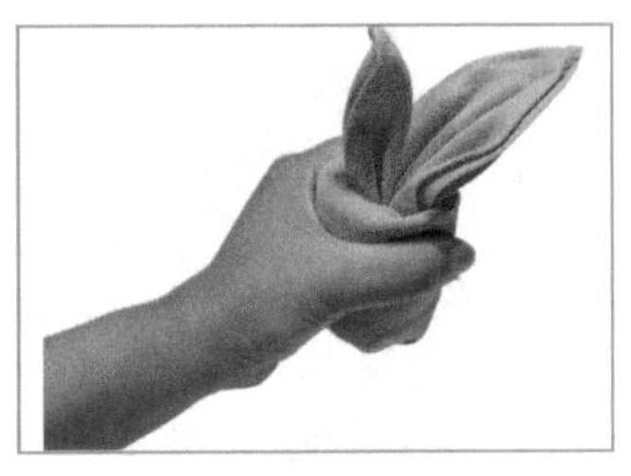
⑫ 平整包裹，整理鸟尾

鸟语花香折花视频

⑬ 向上提拉，翻拉鸟尾

⑭ 整理落杯，微调成型

| 图 2-50 | 鸟语花香折花步骤（续）

（三）鹊鸟探春

意象解析

“鹊鸟探春”，以鸟为原型创意制作。取名为“鹊鸟探春”，象征着鸟儿们对山清水秀的大自然的美好礼赞，暗藏着人们对青山绿水的美好向往。

鹊鸟探春折花步骤如图 2-51 所示。

分解步骤

❶ 反面朝上，四方形对折

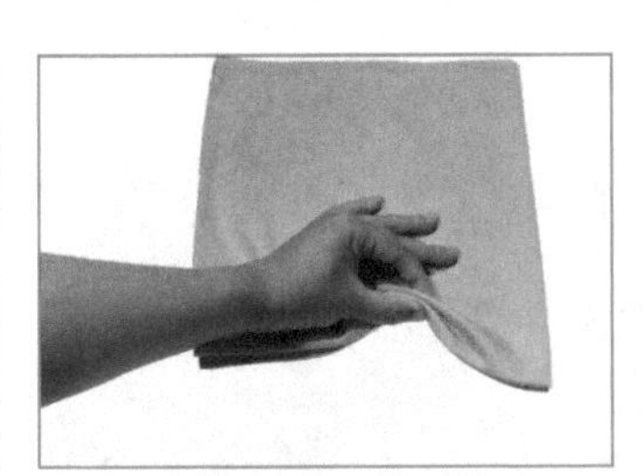
❷ 捏住两层巾角端，平行推折

❸ 倾斜推折，推折均匀

❹ 下巾角上提，三角对折

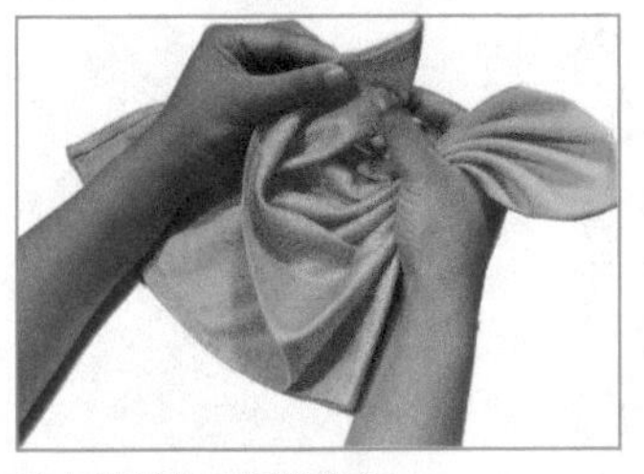
❺ S 形折叠，捏做鸟头

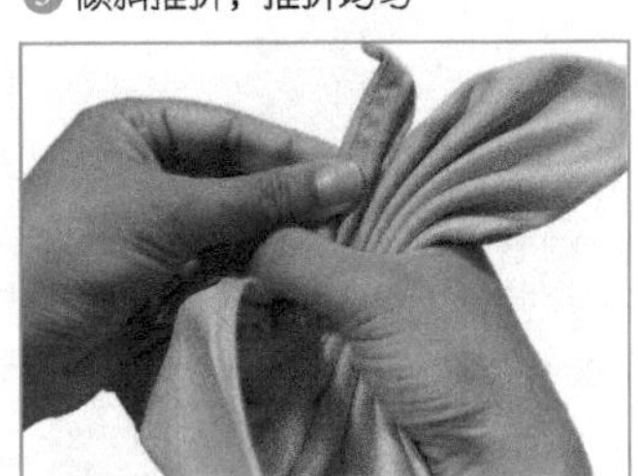
❻ 提拉鸟头，鸟头侧放

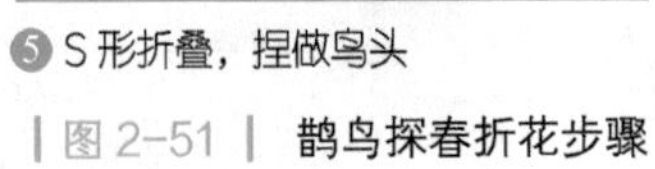
| 图 2-51 | 鹊鸟探春折花步骤

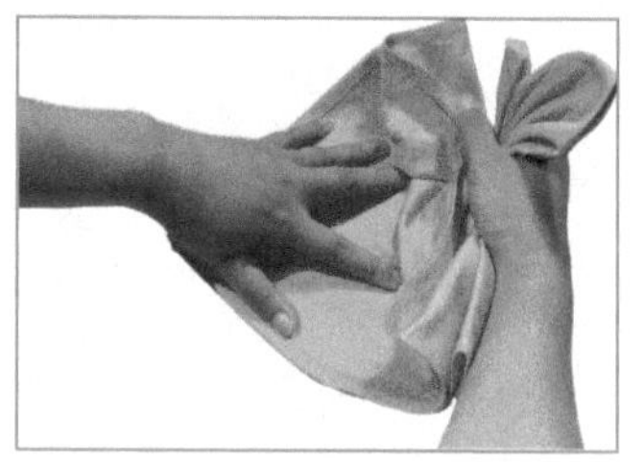

❼ 理平剩余部分，准备包裹

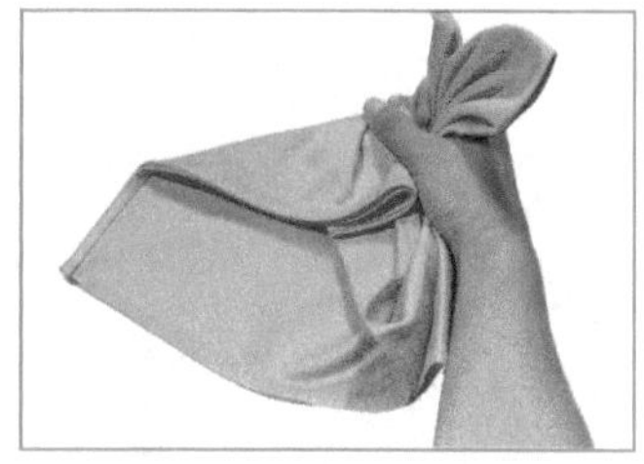

❽ 左边角向里翻折，准备包裹

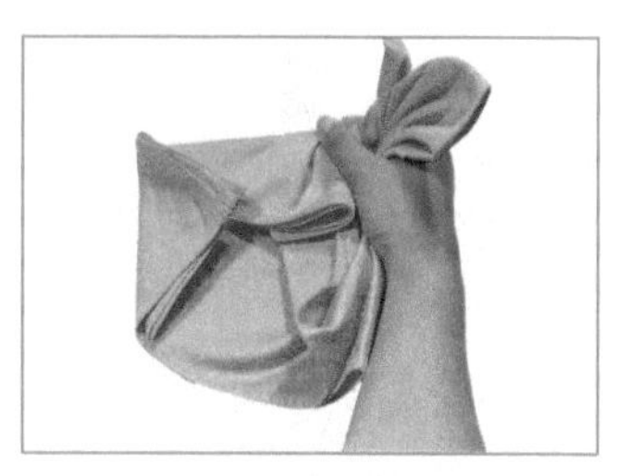

❾ 下边角向上翻折，准备包裹

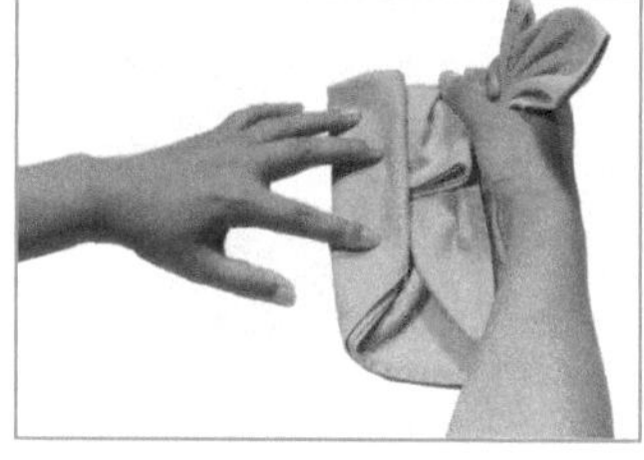

❿ 二次向上翻折，准备包裹

⓫ 三次向上翻折，准备包裹

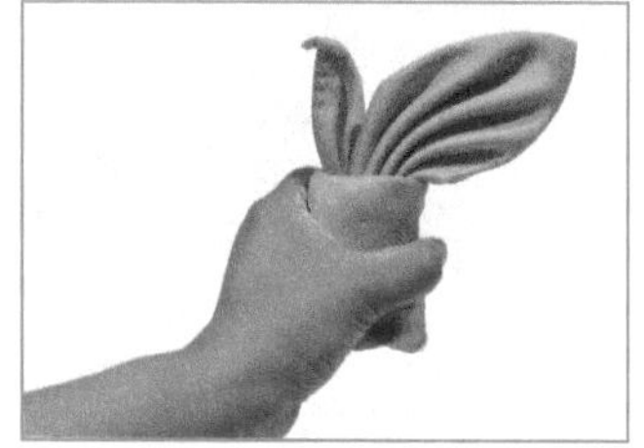

⓬ 平整包裹，整理鸟尾

⓭ 整理落杯，微调成型

鹊鸟探春折花视频

| 图 2-51 |　鹊鸟探春折花步骤（续）

（四）年年有余

意象解析

“年年有余”，以三尾金鱼为原型创意制作，象征着平稳、喜庆和繁荣。由于“鱼”与“余”谐音，故将此花形取名为“年年有余”，寓意着每年的物资、钱财都有富余，是中国传统的吉祥祈福用语。

年年有余折花步骤如图 2-52 所示。

分解步骤

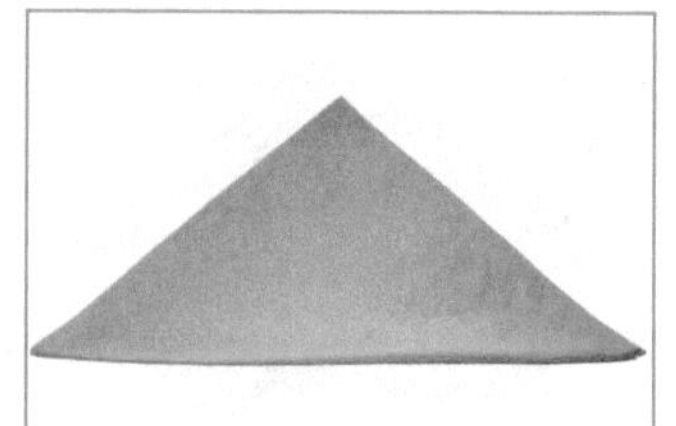

❶ 反面朝上，三角形对折

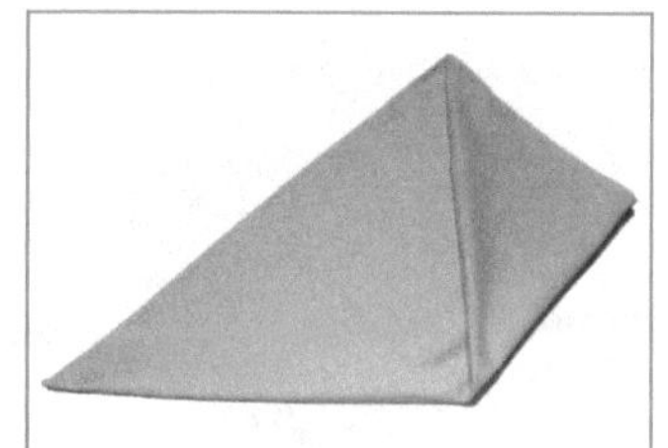

❷ 右边巾角，向中间翻折

❸ 左边巾角，向中间翻折

| 图 2-52 |　年年有余折花步骤

④ 上端巾角，向后翻折

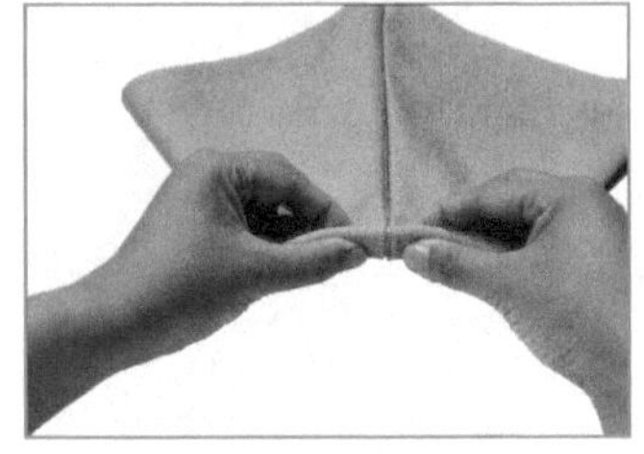
⑤ 平行推折，1.5 cm 为宜

⑥ 沿中脊线，均匀推折

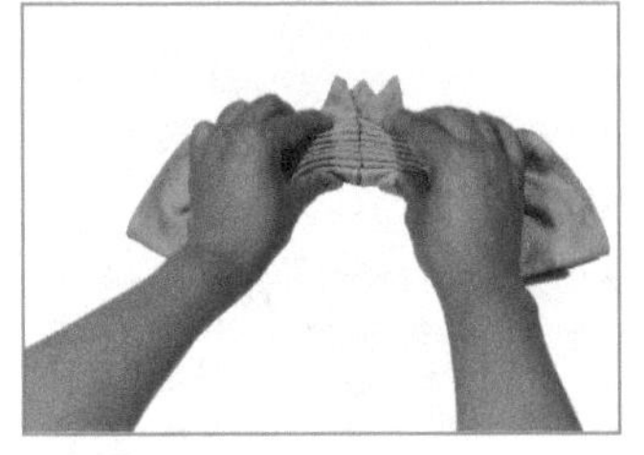
⑦ 中轴对称，预留鱼尾

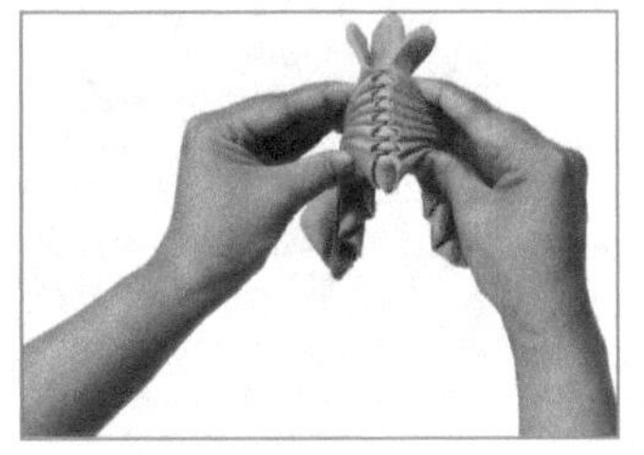
⑧ 沿中脊线，向下对折

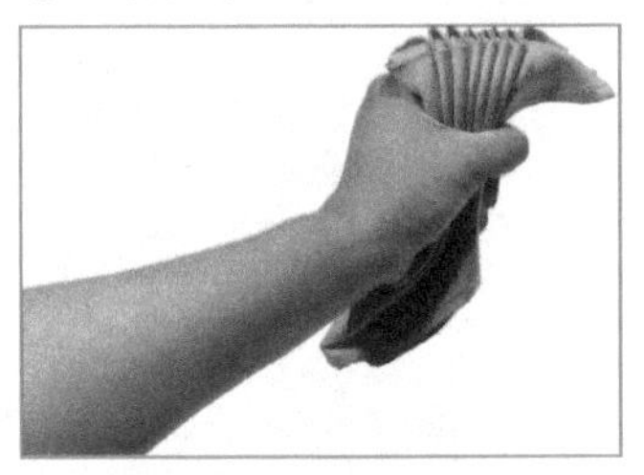
⑨ 沿折痕痕迹，理平下垂部分

年年有余折花视频

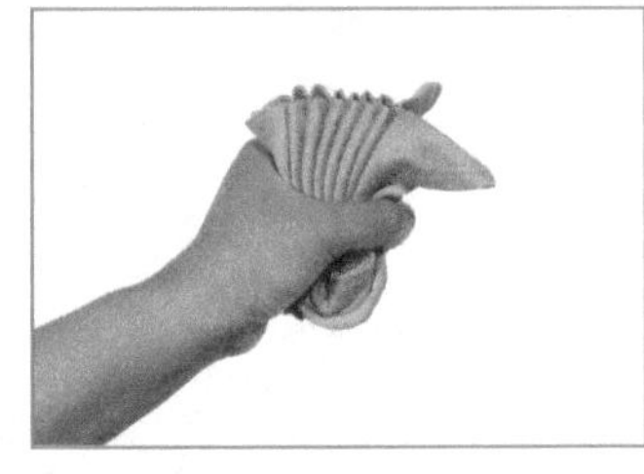
⑩ 下垂部分，向后上翻

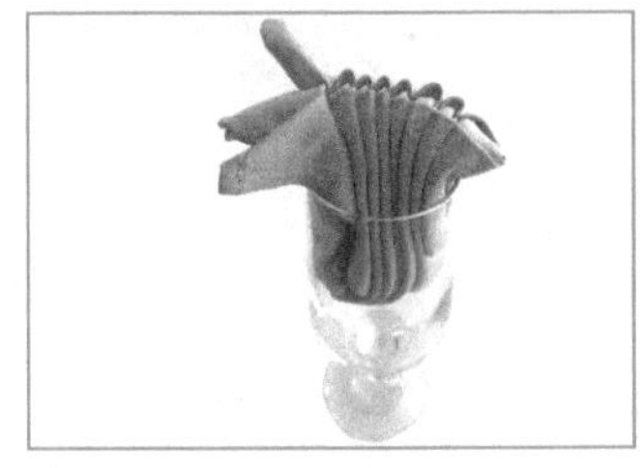
⑪ 整理落杯，微调成型

| 图 2-52 | 年年有余折花步骤（续）

（五）破茧而出

意象解析

“破茧而出”，以脱离外壳、破茧而出、即将蜕变为蝴蝶的虫儿为原型创意制作，象征着重获新生、走出困境。暗藏着破茧而出的决心、永不放弃的信念、水滴石穿的坚持及自强不息的勇气。

破茧而出折花步骤如图 2-53 所示。

分解步骤

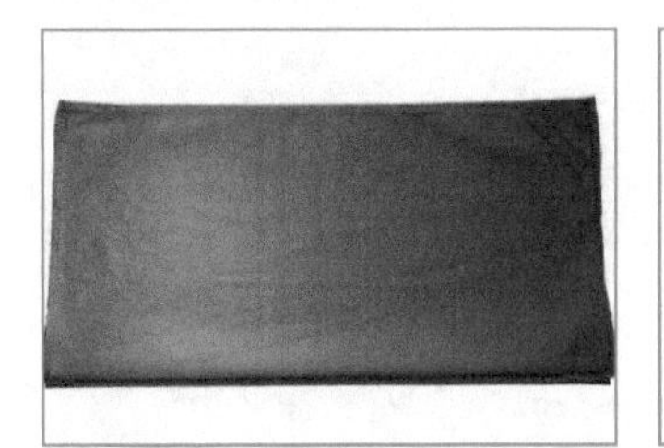
① 反面朝上，四方形对折

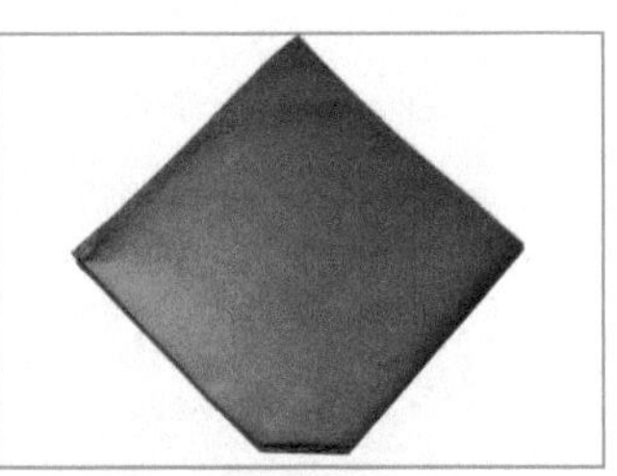
② 前端巾角，向后翻折

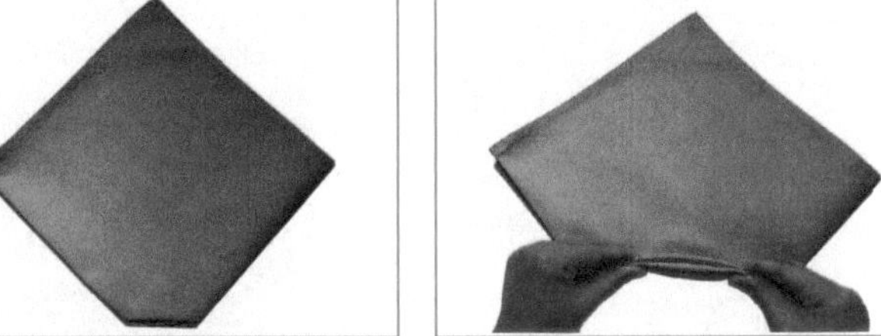
③ 平行推折，1.5 cm 为宜

| 图 2-53 | 破茧而出折花步骤

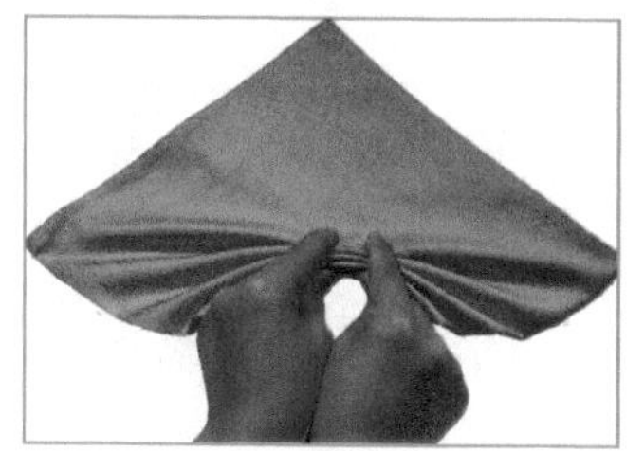
❹ 沿中轴线，均匀推折

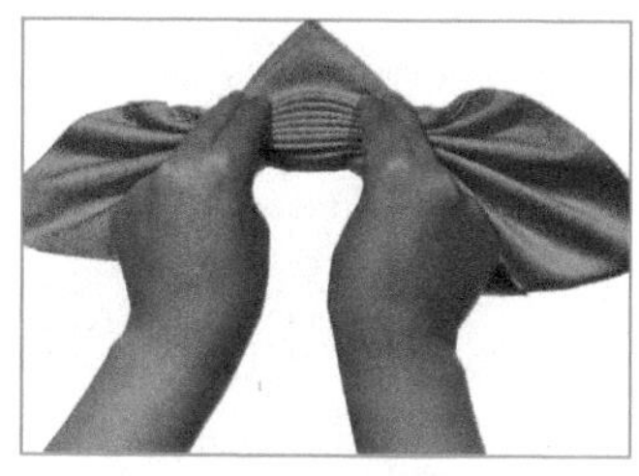
❺ 中轴对称，预留尾部

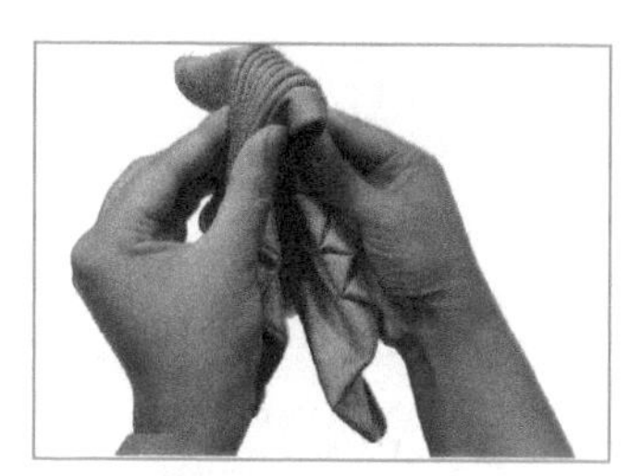
❻ 沿中脊线，向下对折

❼ 沿折痕痕迹，理平下垂部分

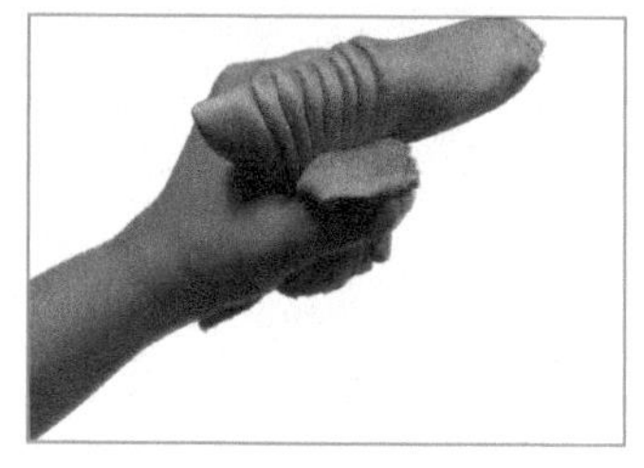
❽ 下垂部分左巾角上翻成左翅

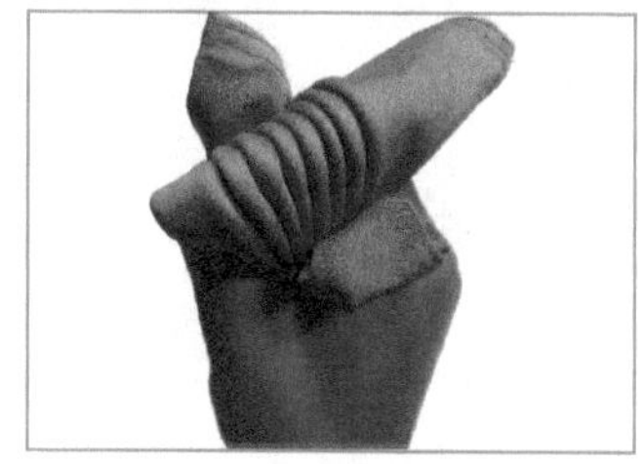
❾ 下垂部分右巾角上翻成右翅

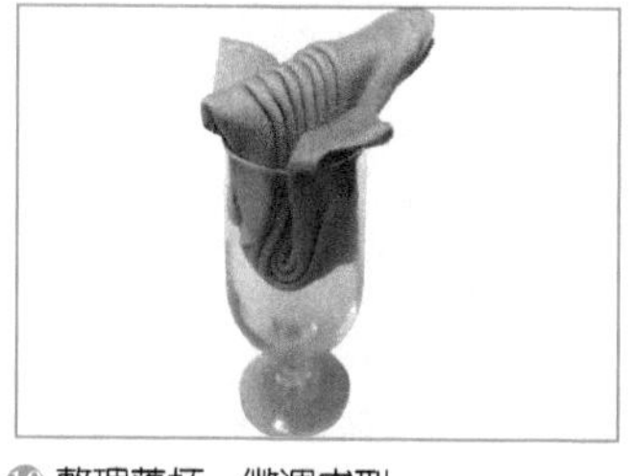
❿ 整理落杯，微调成型

破茧而出折花视频

| 图 2-53 | 破茧而出折花步骤（续）

（六）高山仰止

意象解析

“高山仰止”，以层峦叠嶂的山和灵动的鸟儿为原型创意制作。取名为“高山仰止”，比喻高尚的道德，也比喻对有气质、有修养或有崇高品德之人的崇敬、仰慕之情。

高山仰止折花步骤如图 2-54 所示。

分解步骤

❶ 反面朝上，三角形对折

❷ 固定巾角一端，斜卷

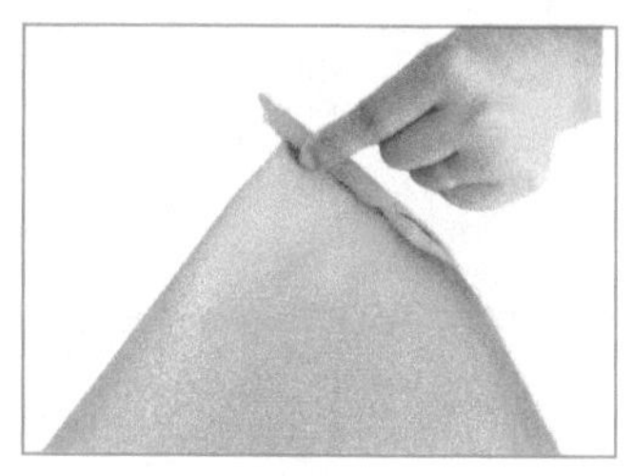
❸ 卷紧卷细，双手辅助

| 图 2-54 | 高山仰止折花步骤

④ 层次分明，5～6 卷为宜

⑤ 5～6 卷后，倾斜推折

⑥ 推折层层递进，有层次感

⑦ 左巾角上提，备做鸟头

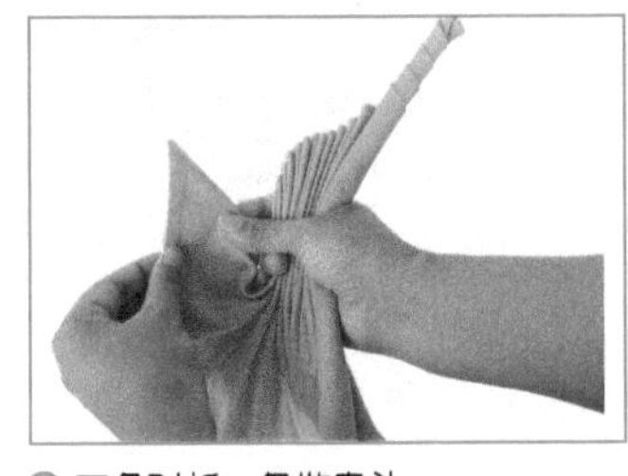

⑧ 三角对折，备做鸟头

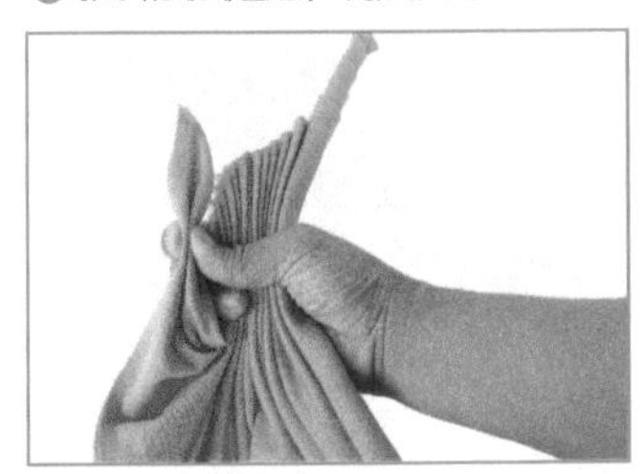

⑨ S 形折叠，捏做鸟头

⑩ 捏做鸟嘴，鸟头侧放

⑪ 左边角向里翻折，准备包裹

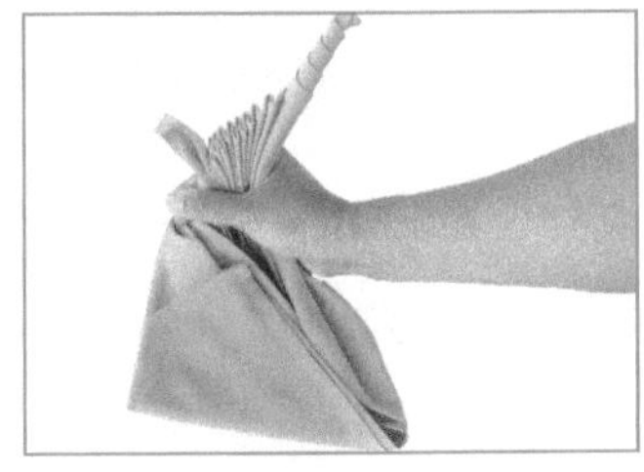

⑫ 下边角向上翻折，准备包裹

高山仰止折花视频

⑬ 向上翻折三次，包裹成型

⑭ 整理落杯，微调成型

| 图 2-54 | 高山仰止折花步骤（续）

（七）锦上添花

意象解析

“锦上添花”，以花和鸟为原型创意制作，比喻好上加好，美上添美。有着“在原有成就的基础上进一步完善”的美好希望。

锦上添花折花步骤如图 2-55 所示。

锦上添花折花视频

分解步骤

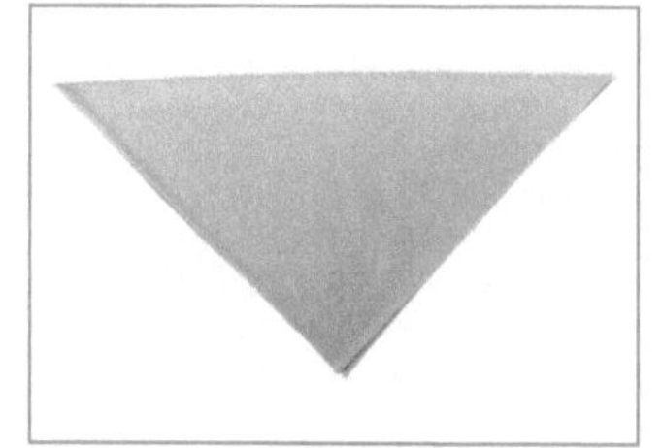

❶ 反面朝上，三角形对折

❷ 二次对折，巾角小错位

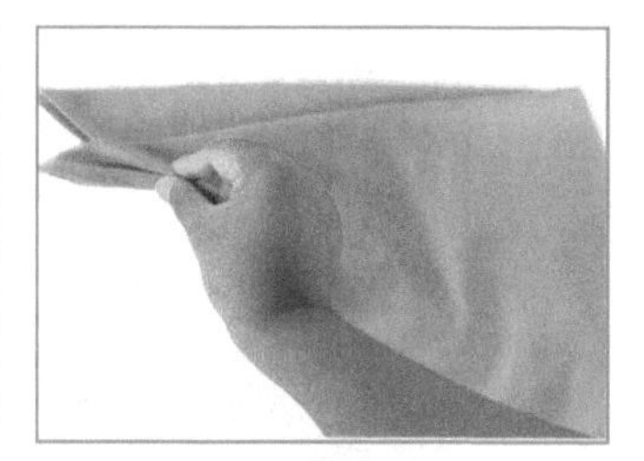

❸ 捏住一端，平行推折

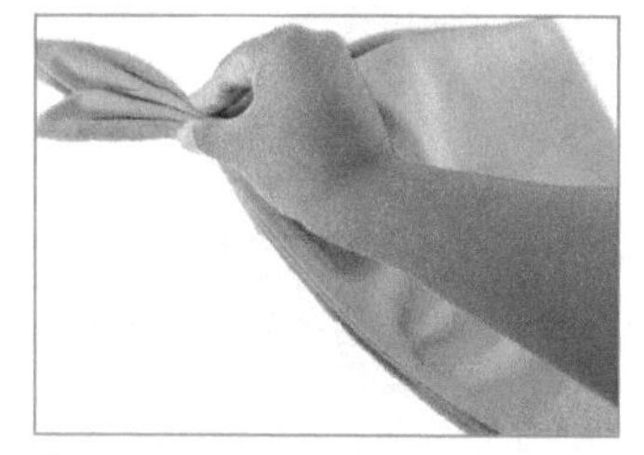

❹ 推折均匀，高低错落

❺ 下巾角上提，三角对折

❻ S 形折叠，捏做鸟头

❼ 捏做鸟嘴，鸟头侧放

❽ 边角向上翻折，准备包裹

❾ 左边角向里翻折，准备包裹

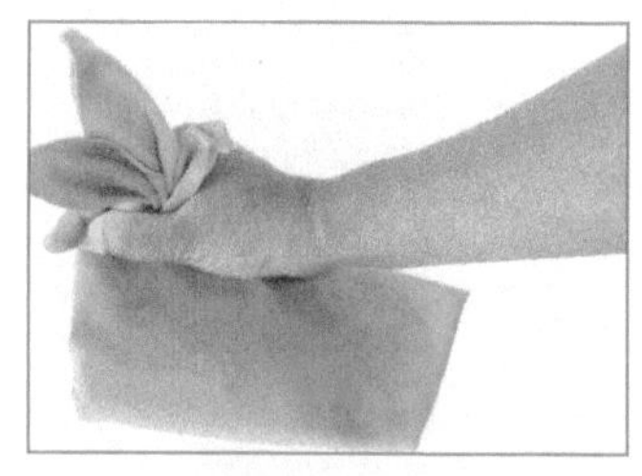

❿ 二次向上翻折，准备包裹

⓫ 三次向上翻折，包裹成型

⓬ 整理落杯，微调成型

| 图 2-55 |　锦上添花折花步骤

（八）沙地鸵鸟

意象解析

“沙地鸵鸟”，以鸵鸟为原型创意制作。鸵鸟，原有“逃避，不敢面对现实”的象征，此花形结合挺拔灵动的鸟头及背脊线分明的鸟背，抽象展现了此鸵鸟的积极与向上，隐喻了调整心态、克服困难、迎难而上的积极处事原则。

沙地鸵鸟折花步骤如图 2-56 所示。

分解步骤

❶ 反面朝上，三角形对折

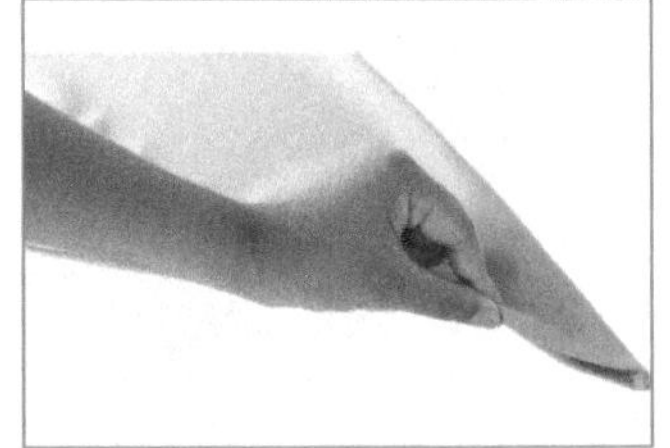
❷ 捏住一角，平行推折

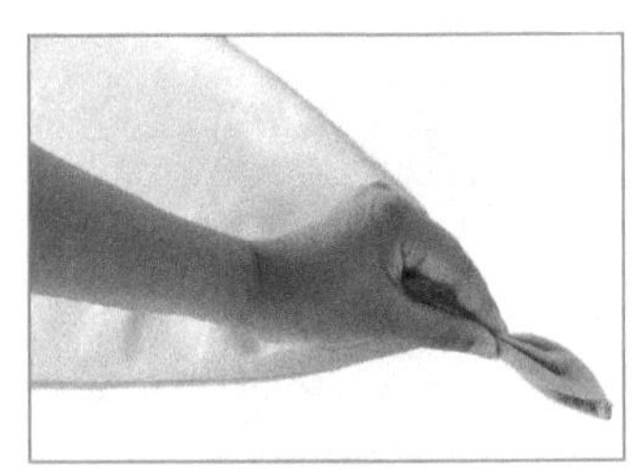
❸ 三折为宜，推折成鸟头

❹ 右手捏头，左手辅助捏折

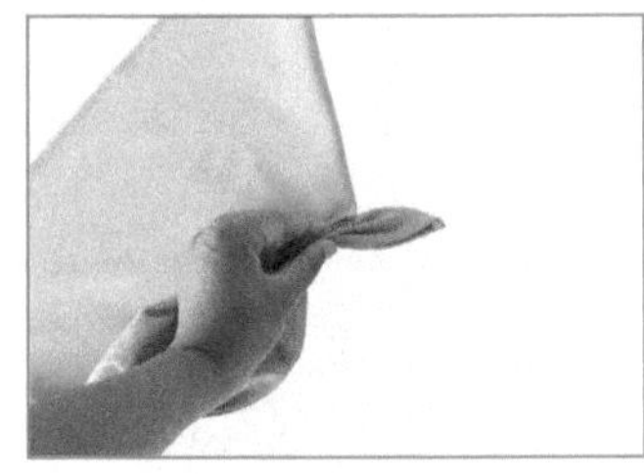
❺ 双手辅助，平行推折

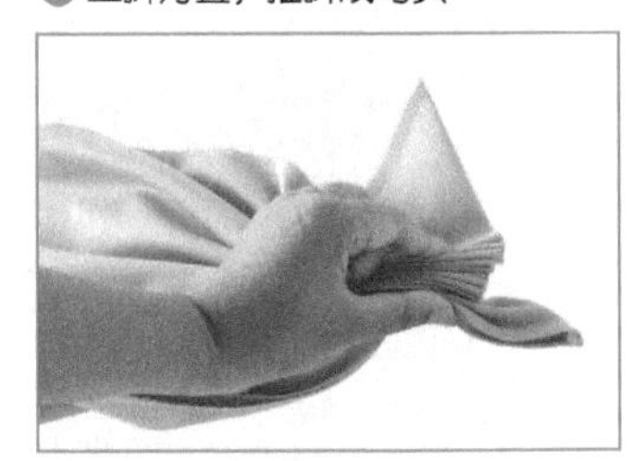
❻ 均匀推折，预留鸟尾

❼ 理平剩余部分，准备包裹

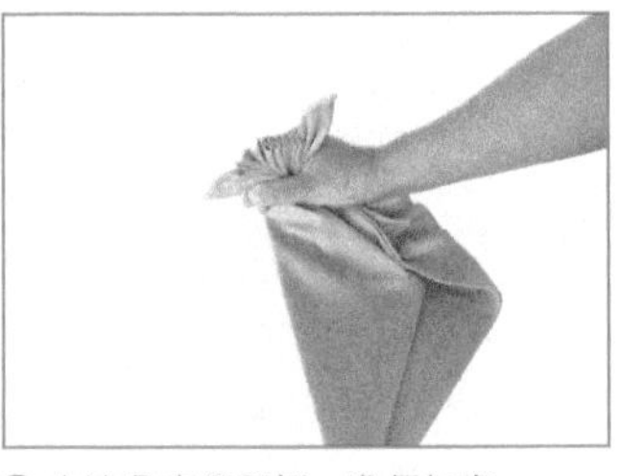
❽ 左边角向里翻折，准备包裹

❾ 下边角向上翻折，准备包裹

沙地鸵鸟折花视频

❿ 向上翻折三次，包裹成型

⓫ 整理落杯，微调成型

| 图 2-56 | 沙地鸵鸟折花步骤

（九）鸵鸟欢唱

意象解析

“鸵鸟欢唱”同“沙地鸵鸟”，同样以鸵鸟为原型创意制作。结合挺拔灵动的鸟头及背脊线分明的鸟背，抽象展现了此鸵鸟的积极与向上，隐喻了调整心态、克服困难、迎难而上的积极处事原则。

鸵鸟欢唱折花步骤如图 2-57 所示。

鸵鸟欢唱折花视频

分解步骤

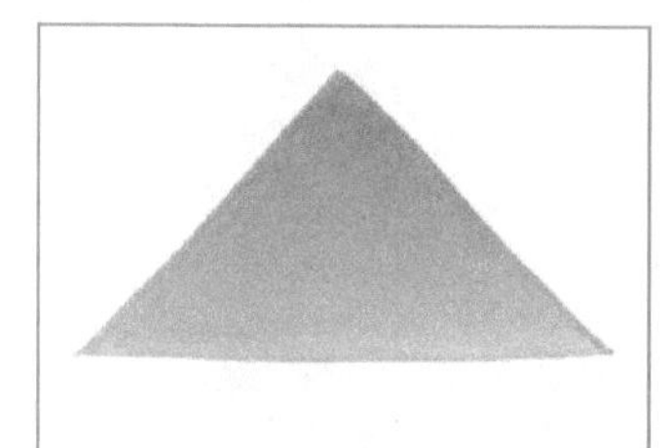
❶ 反面朝上，三角形对折

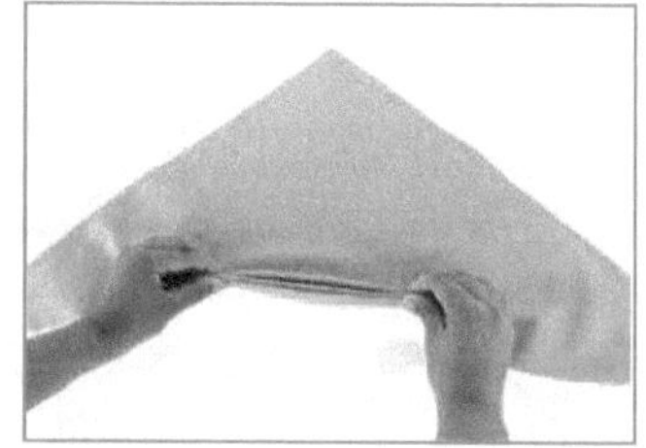
❷ 平行推折，1.5 cm 为宜

❸ 中轴对称，预留鸟尾

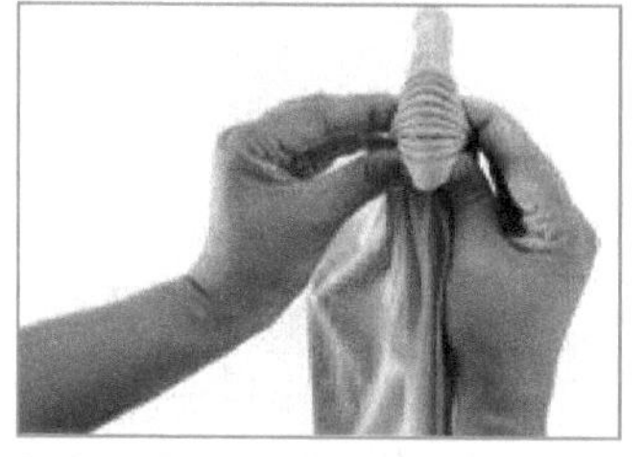
❹ 沿中脊线，向下对折

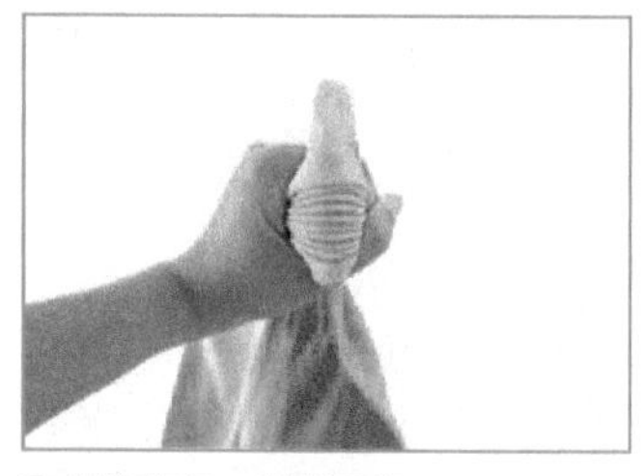
❺ 折痕均匀，脊背平整

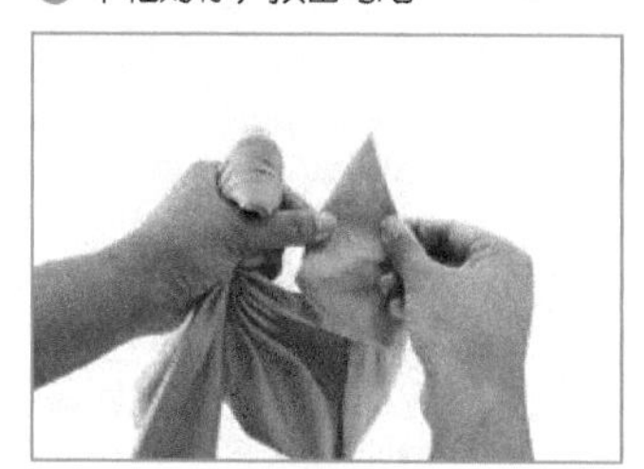
❻ 下巾角上提，三角对折

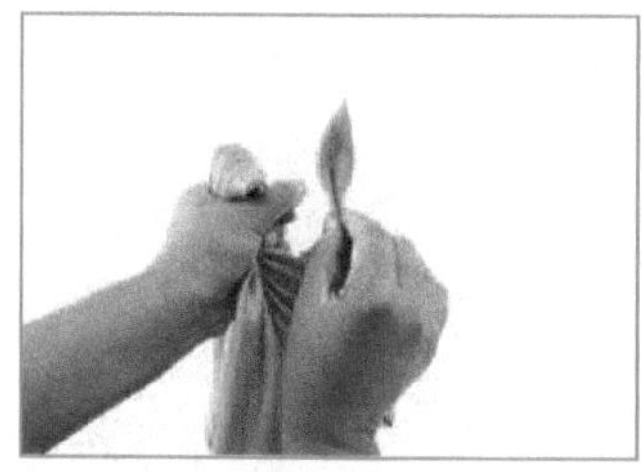
❼ S 形折叠，捏做鸟头

❽ 捏做鸟嘴，鸟头侧放

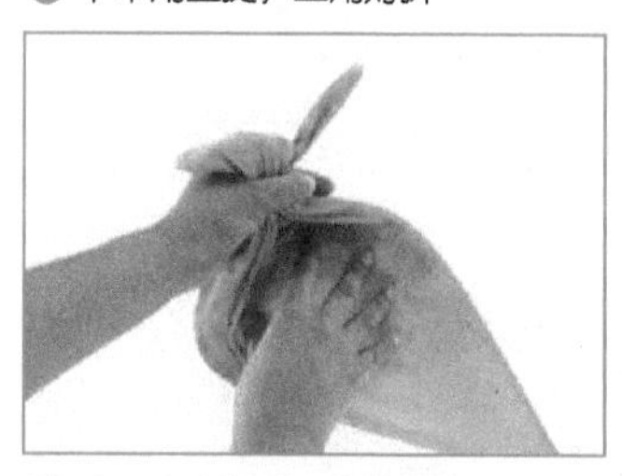
❾ 理平剩余部分，准备包裹

❿ 下边角向上翻折，准备包裹

⓫ 三次向上翻折后，包裹成型

⓬ 整理落杯，微调成型

| 图 2-57 | 鸵鸟欢唱折花步骤

（十）雏鸟望归

意象解析

“雏鸟望归”，以雏鸟和鸟巢为原型创意制作，象征翱翔于蓝天的望归的雏鸟，寓意着对家的思念和思乡之情。

雏鸟望归折花步骤如图 2-58 所示。

分解步骤

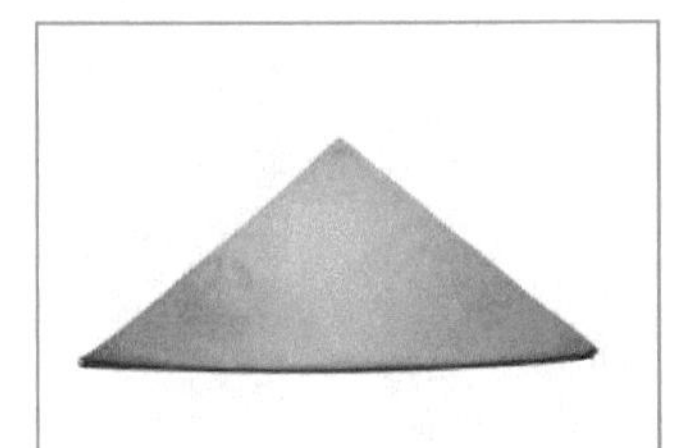

❶ 反面朝上，三角形对折

❷ 平行推折，1.5 cm 为宜

❸ 中轴对称，推折均匀

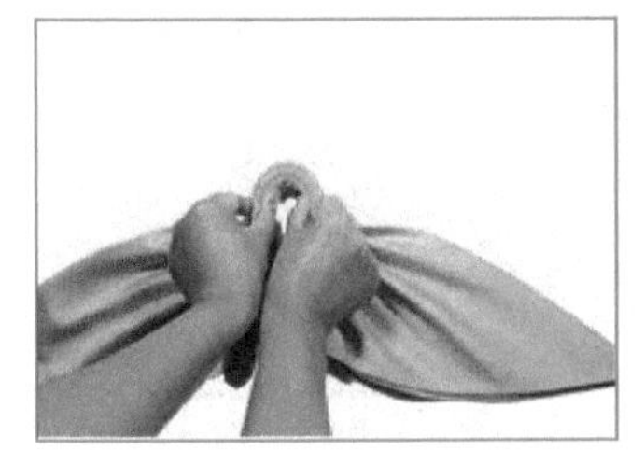

❹ 沿中心点，向下对折

❺ 右巾角上提，捏做鸟尾

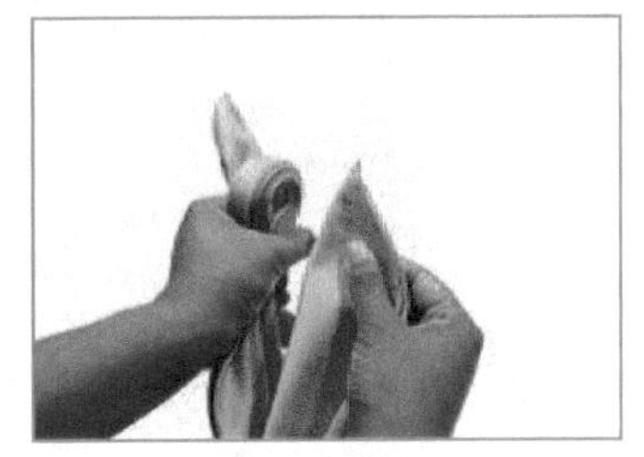

❻ 左巾角上提，三角对折

❼ S 形折叠，捏做鸟头

❽ 向上翻折三次，准备包裹

❾ 包裹成型，整理鸟尾

雏鸟望归折花视频

❿ 整理落杯，微调成型

图 2-58 雏鸟望归折花步骤

（十一）雏鹰展翅

意象解析

“雏鹰展翅”，以跃跃欲飞的雏鹰为原型创意制作，象征着雏鹰欲展翅飞翔，比喻青年人开始独立生活、工作。暗藏了对于孩子们的美好祈愿，祝愿孩子们好好学习，以求更好的发展，大展宏图。

雏鹰展翅折花步骤如图 2-59 所示。

分解步骤

❶ 反面朝上，两次三角形对折

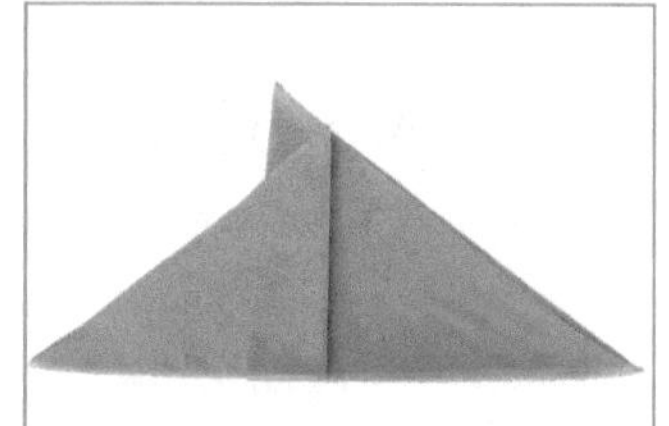

❷ 上巾角向左翻折

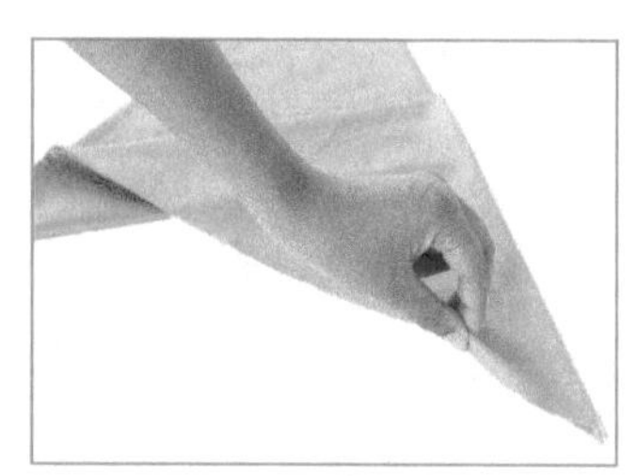

❸ 捏住一角，平行推折

❹ 三折为宜，推折成鸟头

❺ S 形叠放，准备推折

❻ 平行推折，高度一致

❼ 推折均匀，预留鸟尾

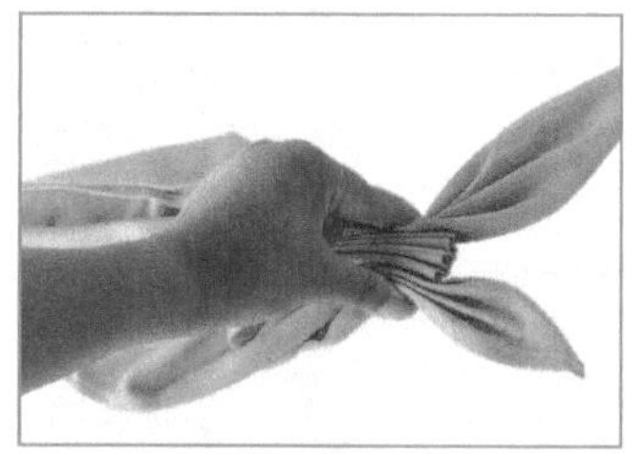

❽ 推折鸟尾，整理成型

❾ 理平剩余部分，准备包裹

❿ 左边角向里翻，准备包裹

⓫ 下边角向上翻，准备包裹

⓬ 三次向上翻折后，包裹成型

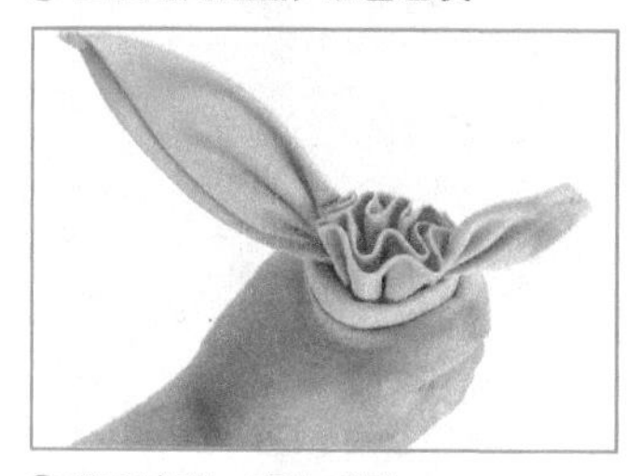

⓭ 整理鸟背，翻拉成型

⓮ 整理落杯，微调成型

雏鹰展翅折花视频

| 图 2–59 |　雏鹰展翅折花步骤

（十二）有凤来仪

意象解析

“有凤来仪”，以优雅行走的凤凰为原型创意制作，比喻吉祥的征兆和祥瑞的感应。古语有云：“麒麟降生，凤凰来仪”，取名为有凤来仪，寓意着有奇异美丽的神鸟凤凰来相配，形容极为高贵、神奇和绝妙。

有凤来仪折花步骤如图 2-60 所示。

分解步骤

❶ 反面朝上，三角形对折

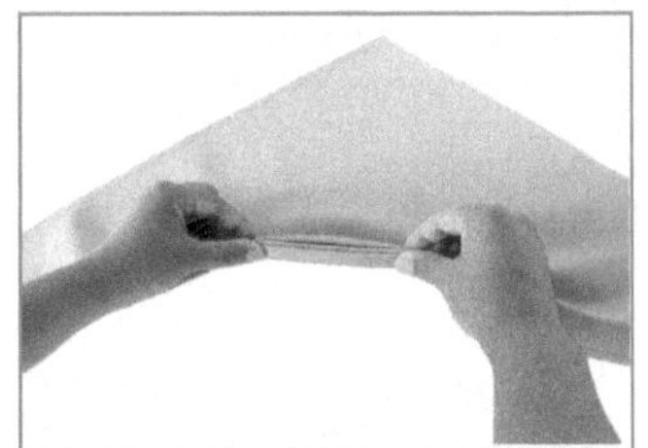

❷ 平行推折，1.5 cm 为宜

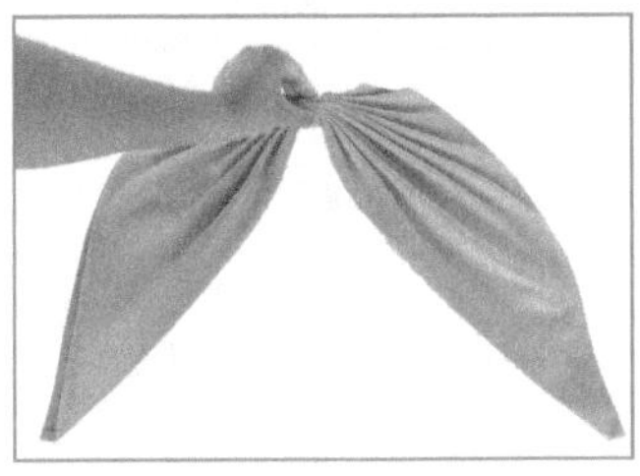

❸ 中轴对称，推折均匀

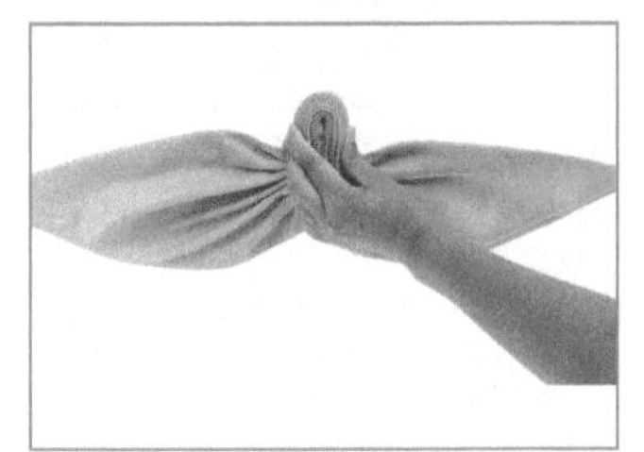

❹ 沿中心点，向下对折

❺ 右巾角上提，三角对折

❻ S 形折叠，捏做鸟头

❼ 推折鸟尾，鸟尾侧靠

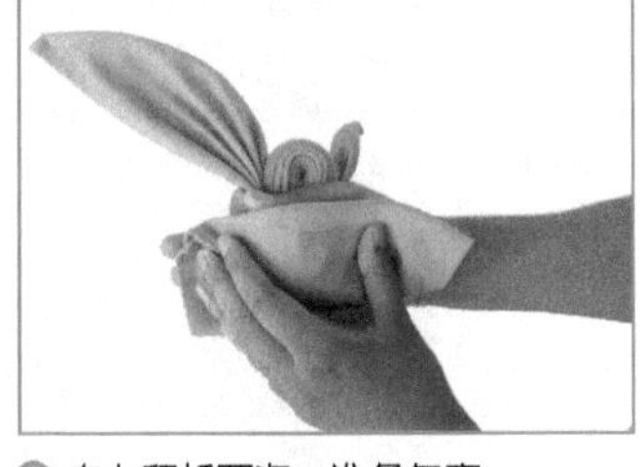

❽ 向上翻折两次，准备包裹

❾ 包裹成型，整理边缘

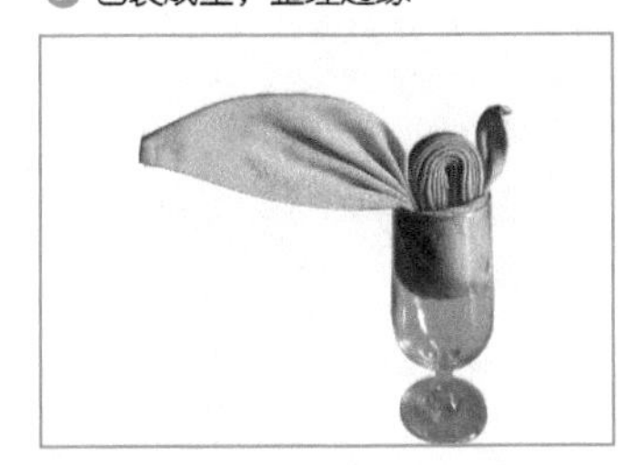

❿ 落杯整理，微调成型

有凤来仪折花视频

| 图 2-60 | 有凤来仪折花步骤

（十三）比翼双飞

意象解析

“比翼双飞”，以翅膀挨着翅膀、展翅高飞的双鸟为原型创意制作，象征着夫妻情投意合，在事业上并肩前进。寓意着夫妻恩爱，相伴不离。

比翼双飞折花步骤如图 2-61 所示。

分解步骤

❶ 反面朝上，三角形对折

❷ 二次对折，巾角大错位

❸ 捏一端，平行推折

❹ 推折均匀，高低错落

❺ 下巾角上提，捏做鸟头

❻ 另一巾角上提，捏做第二鸟头

❼ 鸟头侧放，高低排列

❽ 理平剩余部分，准备包裹

❾ 二次向上翻折，准备包裹

❿ 三次向上翻折，包裹成型

⓫ 整理落杯，微调成型

比翼双飞折花视频

| 图 2-61 | 比翼双飞折花步骤

（十四）王者归来

意象解析

“王者归来”，以高傲行走的孔雀为原型创意制作，有种王者归来的豪迈感。寓意着打了胜仗凯旋，暗藏了对王者的敬仰和崇拜之情。

王者归来折花步骤如图 2-62 所示。

分解步骤

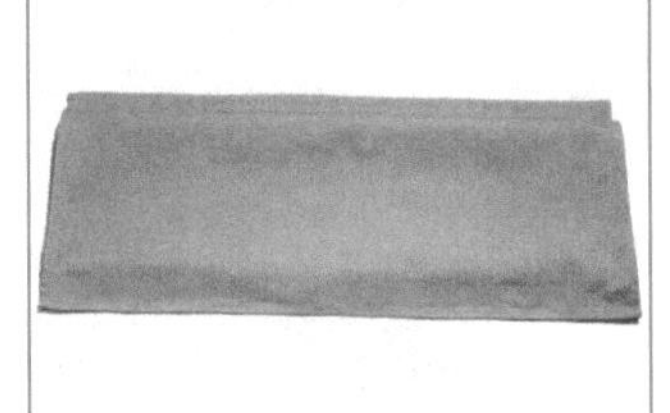

❶ 正面朝上，S 形折叠

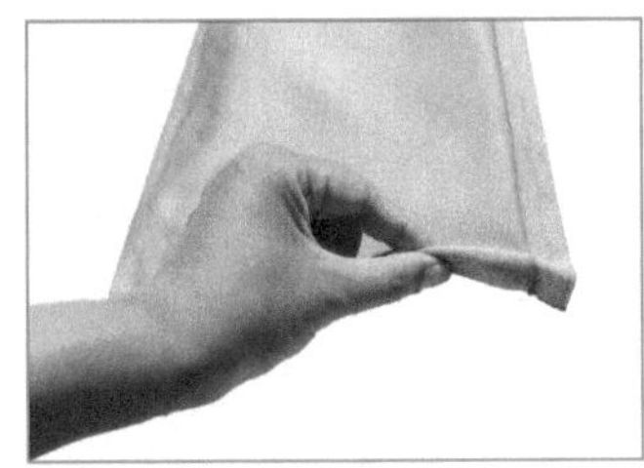

❷ 间隔 1.5 cm，准备推折

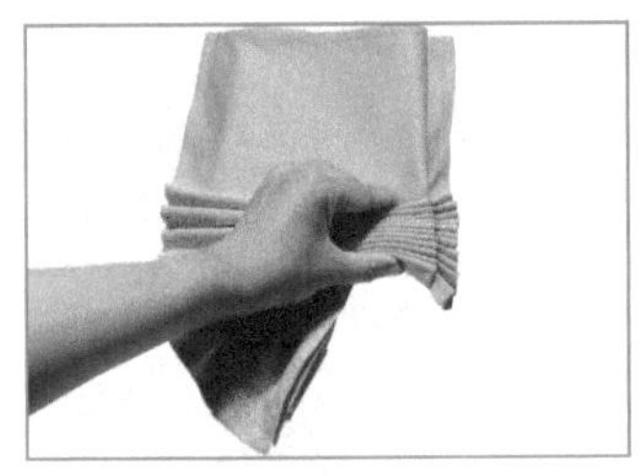

❸ 平行推折，高度 1.5 cm

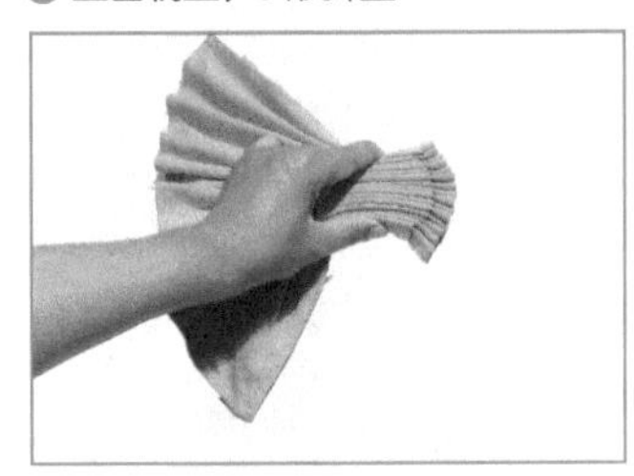

❹ 中轴对称，推折均匀

❺ 正反面翻转，备做鸟头

❻ 右巾角上提，备做鸟头

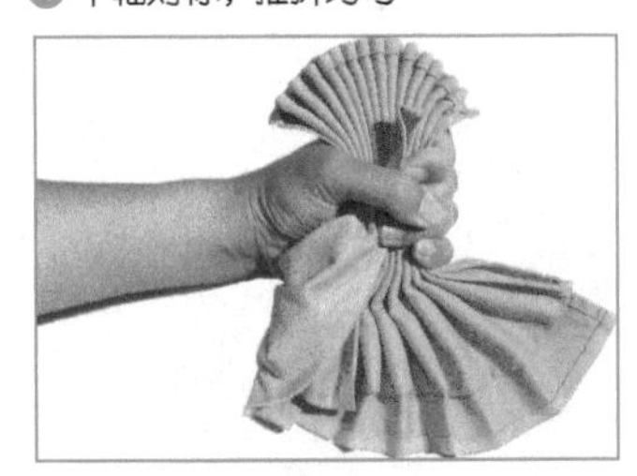

❼ S 形折叠，捏做鸟头

❽ 向上翻折两次，包裹成型

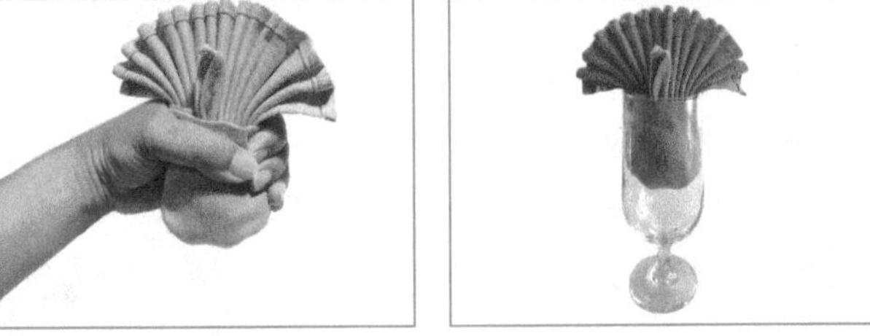

❾ 整理落杯，微调成型

| 图 2-62 | 王者归来折花步骤

王者归来折花视频

（十五）一往情深

意象解析

“一往情深”，以相互对视的雌雄二鸟为原型创意制作，象征着美好的爱情。形容对人或事物有特别深的感情，向往而不能克制。

一往情深折花步骤如图 2-63 所示。

分解步骤

❶ 反面朝上，三角形错位对折

❷ 捏住一端，平行推折

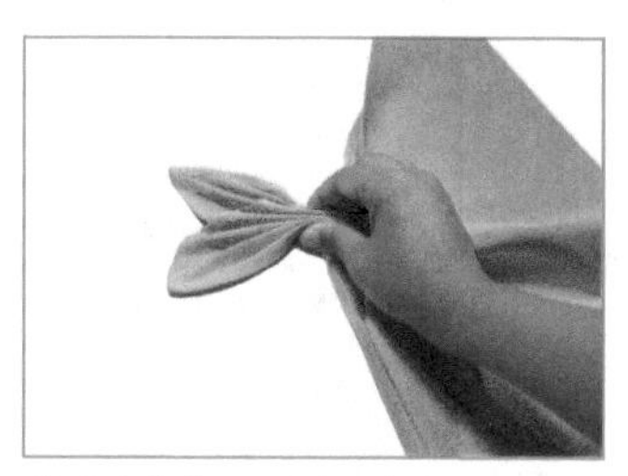

❸ 推折均匀，高低错落

❹ 下巾角上提，三角对折

❺ S 形折叠，捏做鸟头

❻ 另一巾角上提，捏做第二鸟头

❼ 鸟嘴相对，高低错落

❽ 右边角向里翻折，准备包裹

❾ 二次向上翻折，准备包裹

❿ 三次向上翻折，包裹成型

⓫ 整理落杯，微调成型

| 图 2-63 |　一往情深折花步骤

一往情深折花视频

（十六）孔雀开屏

意象解析

“孔雀开屏”，以开屏的孔雀为原型创意制作。古往今来，孔雀都是一种大德大贤、具有文明品质的“文禽”，是吉祥、文明、富贵的象征。遇见孔雀开屏能给人带来幸运与福气。

孔雀开屏折花步骤如图 2-64 所示。

孔雀开屏折花视频

分解步骤

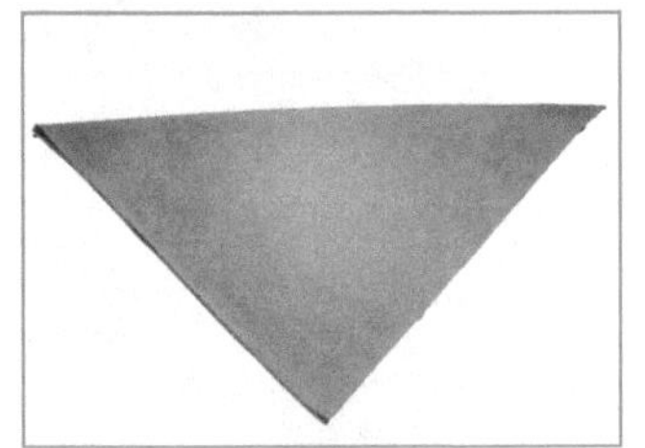

❶ 反面朝上，三角形对折

❷ S 形折叠，预留鸟尾

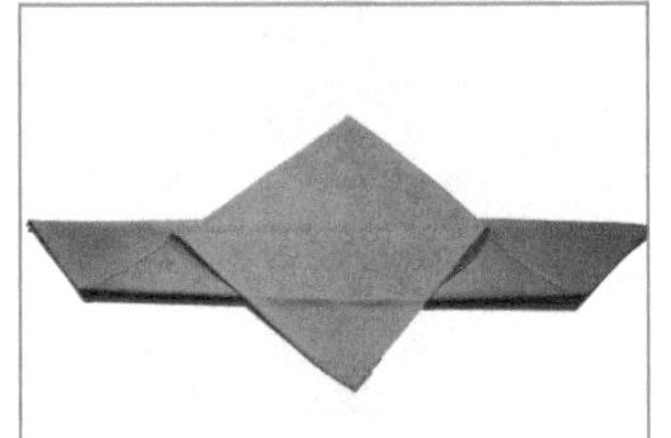

❸ 二次 S 形折叠，间隔 1.5 cm

❹ 中轴对称，推折高度 1.5 cm

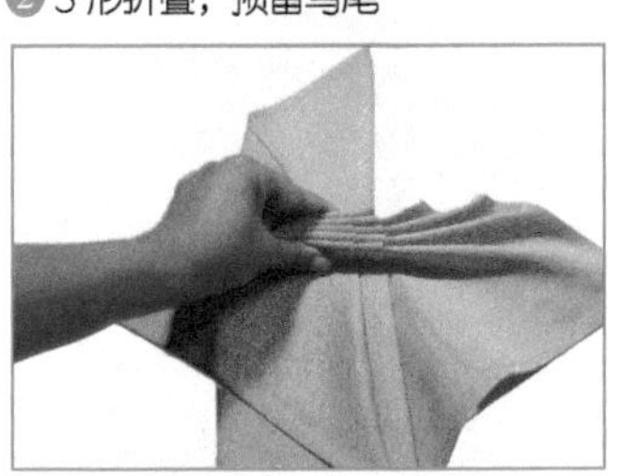

❺ 向左平行推折，四折为宜

❻ 左边剩余角，一次向里折叠

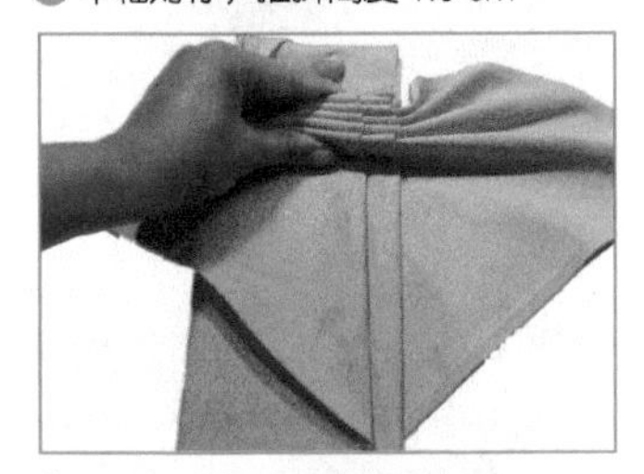

❼ 左边剩余角，二次向里折叠

❽ 左边剩余角，三次向里折叠

❾ 翻转方向，向右平行推折

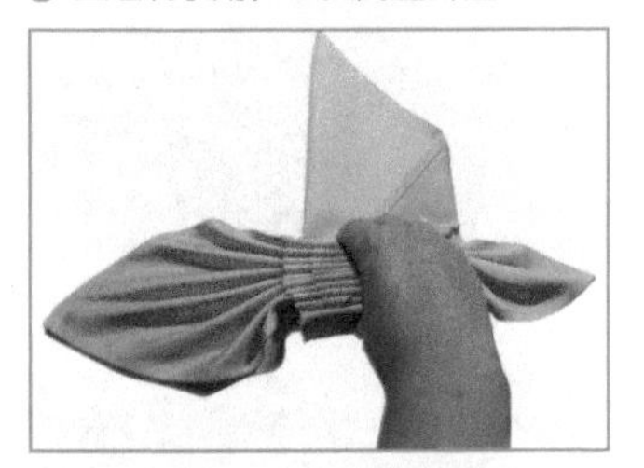

❿ 右边剩余角，一次向里折叠

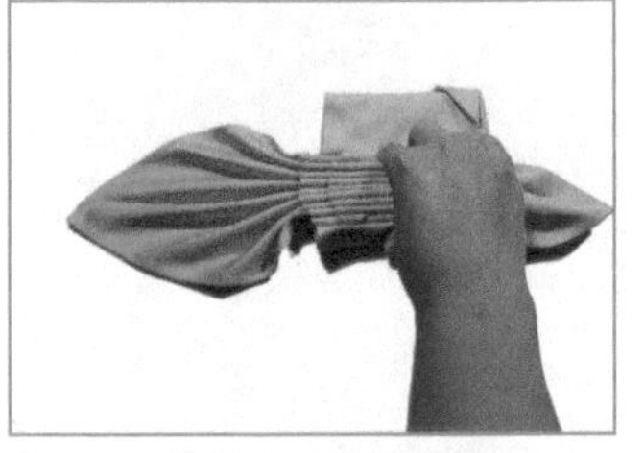

⓫ 右边剩余角，二次向里折叠

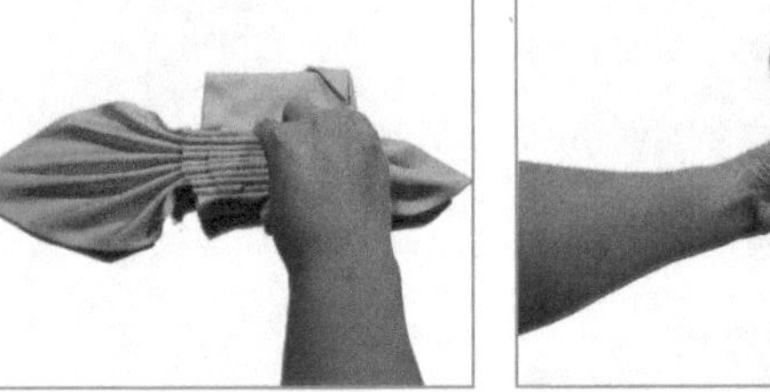

⓬ 中轴对称，折叠均匀

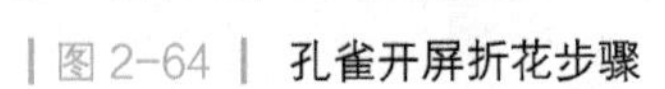

| 图 2-64 | 孔雀开屏折花步骤

⑬ 下巾角上提，捏做鸟头

⑭ 调整鸟头高度，整理成型

⑮ 整理落杯，微调成型

| 图 2-64 | 孔雀开屏折花步骤（续）

（十七）百鸟朝凤

意象解析

“百鸟朝凤”，以高高在上的凤凰为原型创意制作，比喻德高望重者众望所归。在中国古代，龙代表帝皇而凤代表帝后，因此也寓意着对德高望重的女性的敬仰之情。

百鸟朝凤折花步骤如图 2-65 所示。

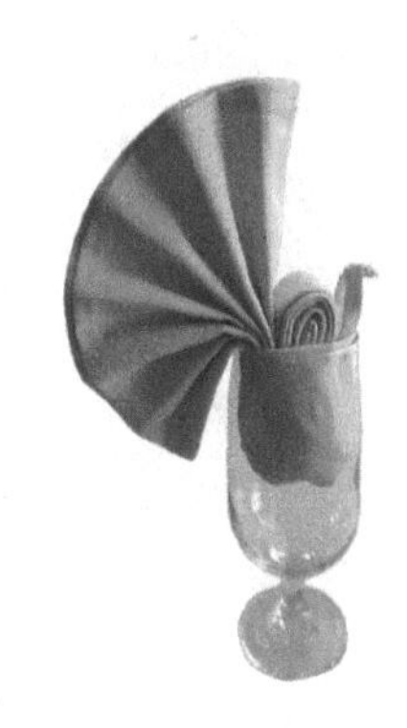

分解步骤

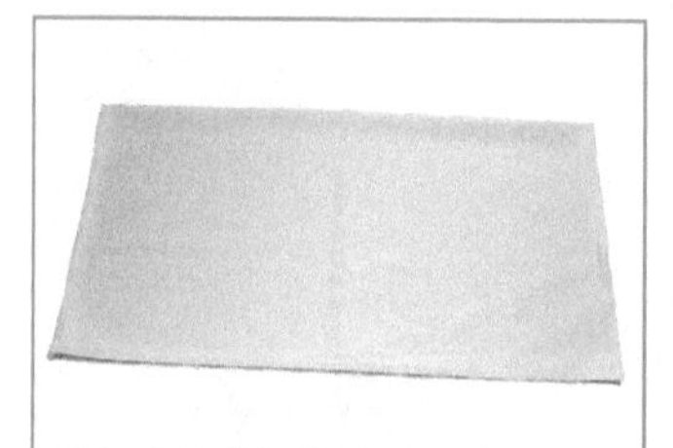
❶ 反面朝上，矩形对折

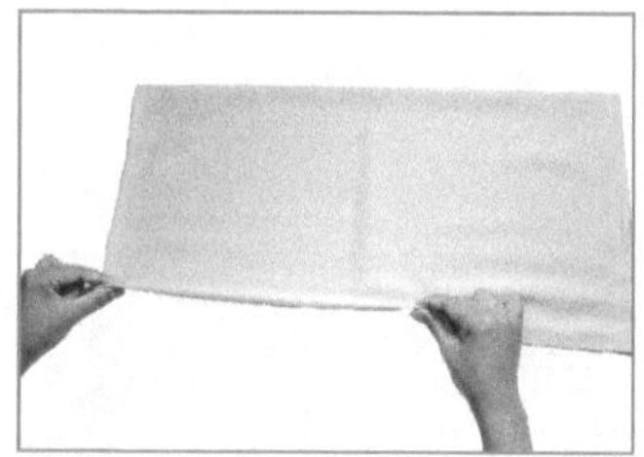
❷ 由前往后，平行推折

❸ 推折高度，1.5 cm 为宜

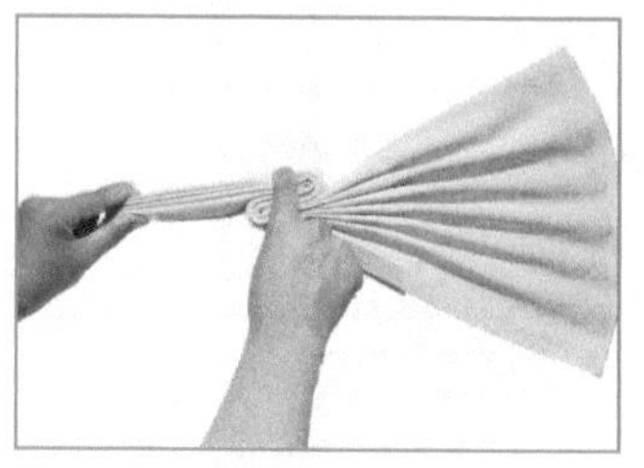
❹ S 形折叠，预留鸟尾

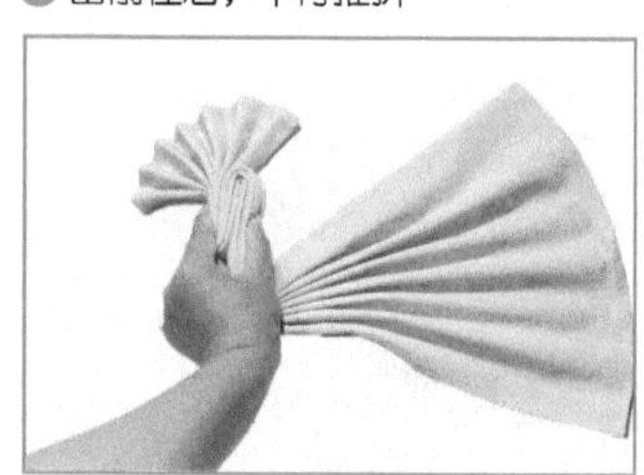
❺ 鸟尾与鸟身高度一致

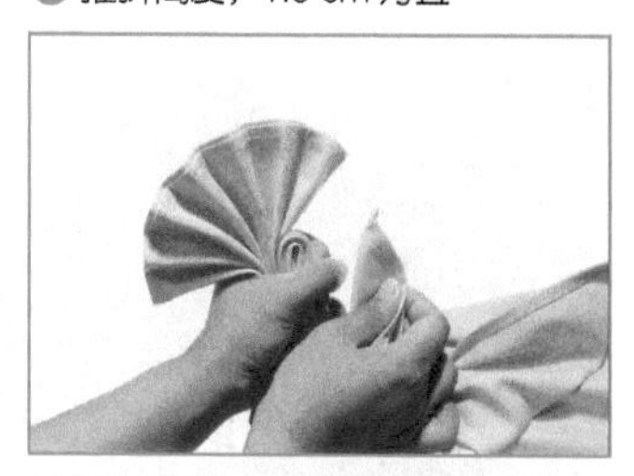
❻ 下垂部分，提拉一角备做鸟头

❼ S 形折叠，捏做鸟头

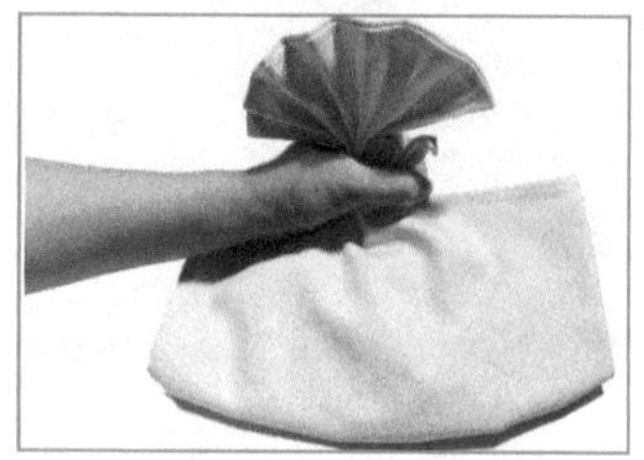
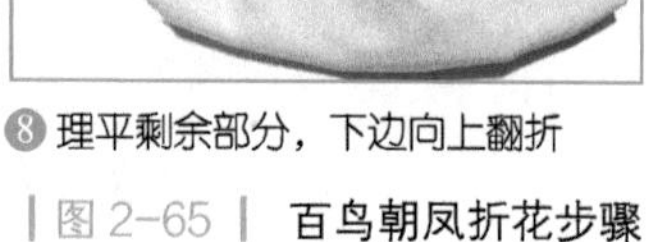
❽ 理平剩余部分，下边向上翻折

❾ 右边向里翻折，准备包裹

| 图 2-65 | 百鸟朝凤折花步骤

⑩ 下边向上翻折，准备包裹

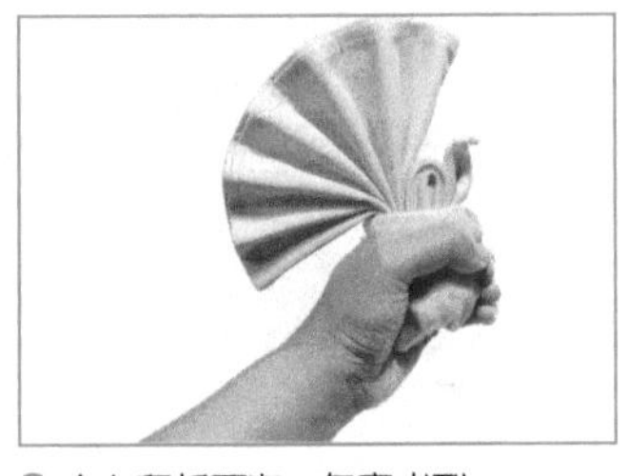

⑪ 向上翻折两次，包裹成型

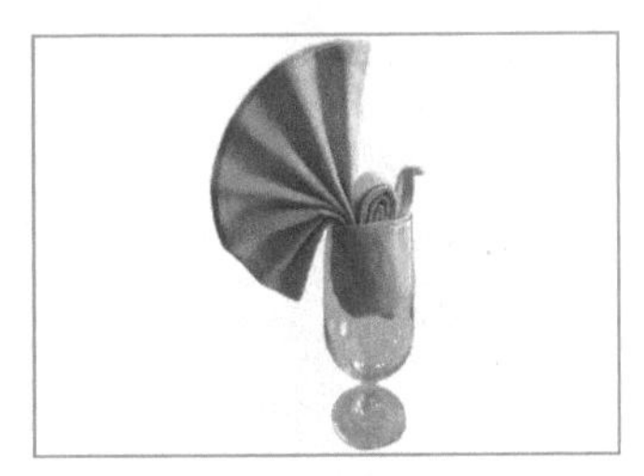

⑫ 整理落杯，微调成型

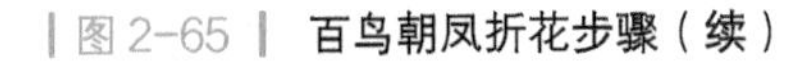

| 图 2-65 | 百鸟朝凤折花步骤（续）

百鸟朝凤折花视频

（十八）雏鸟初鸣

意象解析

“雏鸟初鸣”，以仰头啼唱的雏鸟为原型创意制作，象征着朝气蓬勃的生命，寓意着生命的活力和美好，引申为努力进取的气象和蓬勃旺盛的状态。

雏鸟初鸣折花步骤如图 2-66 所示。

分解步骤

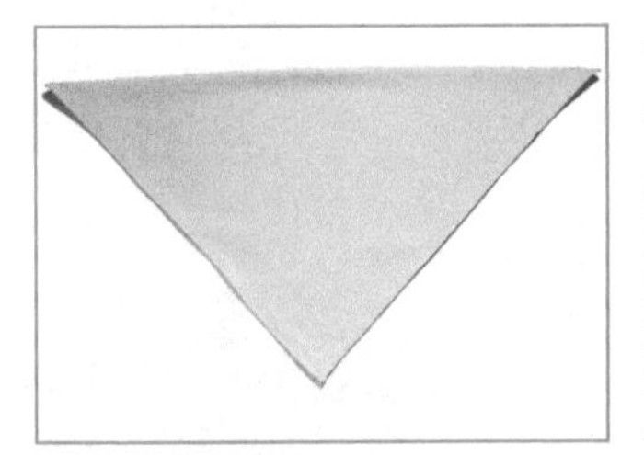

❶ 反面朝上，三角形对折

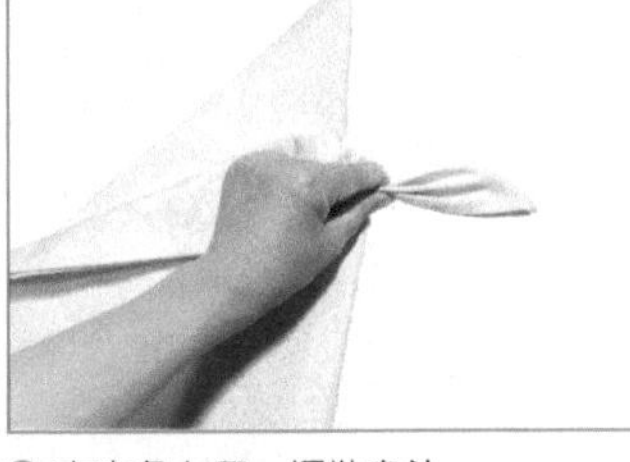

❷ 右巾角上翻，捏做鸟头

❸ 左巾角推折，捏做鸟尾

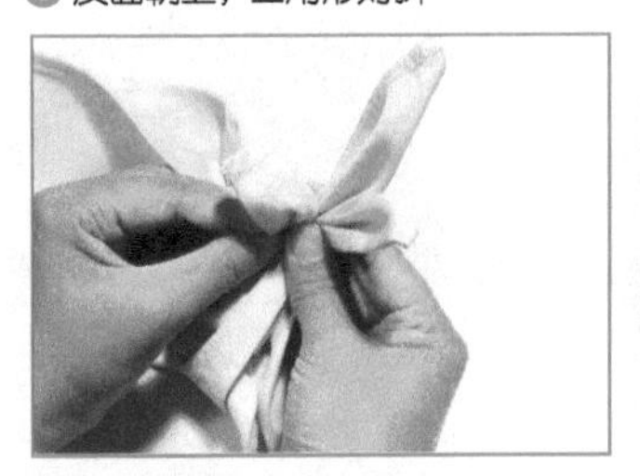

❹ 左下巾角上翻，捏做左翅

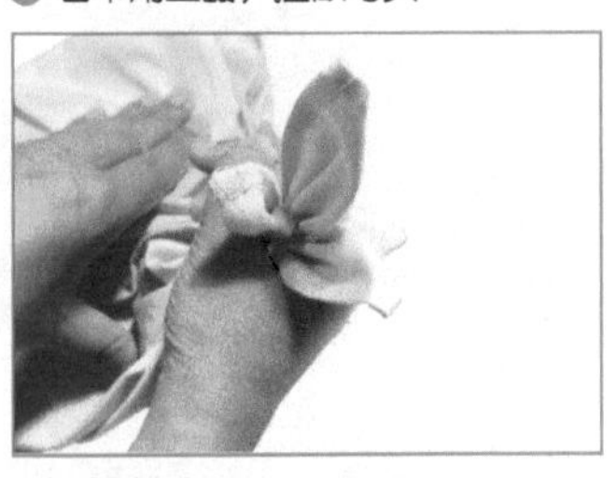

❺ 右下巾角上翻，捏做右翅

❻ 理平剩余部分，左边向里翻折

| 图 2-66 | 雏鸟初鸣折花步骤

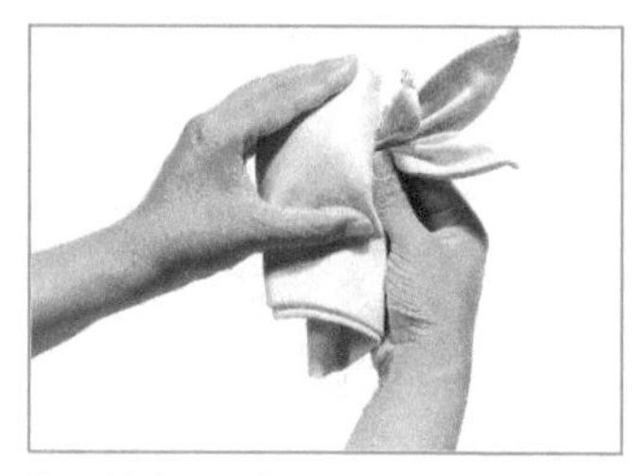
❼ 下边向上翻折三次，准备包裹

❽ 包裹成型，提拉成型

❾ 整理落杯，微调成型

| 图 2-66 |　雏鸟初鸣折花步骤（续）

雏鸟初鸣折花视频

（十九）凤舞九天

意象解析

“凤舞九天”，以飞翔于九天之上的凤凰为原型创意制作，象征着崇高和不可替代的地位、强大的能力和豪气，寓意着尊贵祥和。

凤舞九天折花步骤如图 2-67 所示。

分解步骤

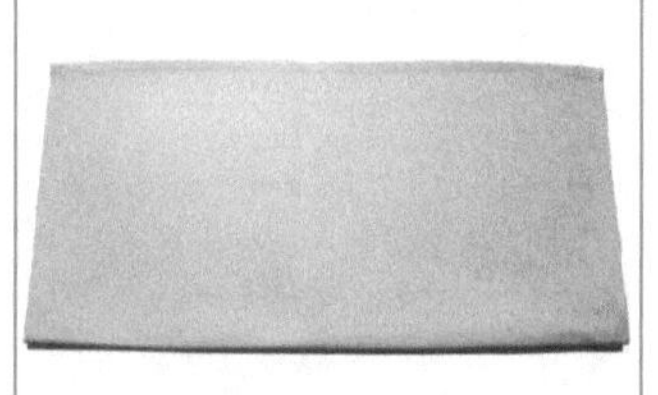
❶ 反面朝上，矩形对折

❷ 由前往后，平行推折

❸ 推折高度以 1.5 cm 为宜

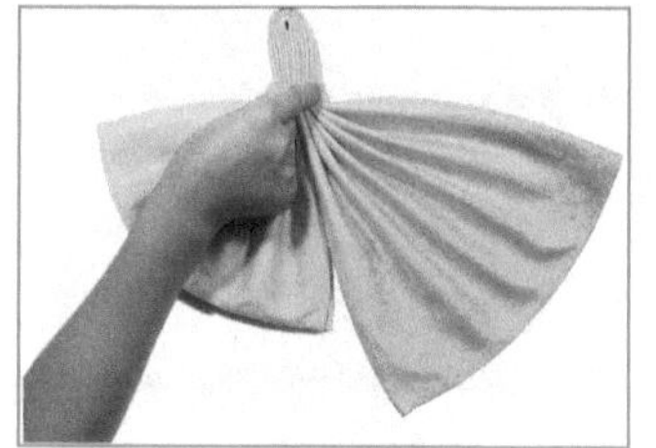
❹ 从三分之一点，向下对折

❺ 右边上层巾角上提，捏做鸟头

❻ 鸟头侧靠，略高出鸟身

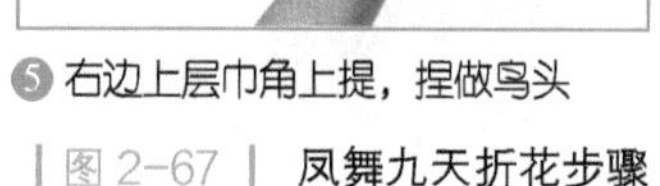

| 图 2-67 |　凤舞九天折花步骤

⑦ 左边两巾角上提，捏做翅膀

⑧ 右边下层巾角上提，捏做鸟尾

⑨ 理平剩余部分，包裹成型

凤舞九天折花视频

⑩ 整理落杯，微调成型

| 图 2-67 | 凤舞九天折花步骤（续）

（二十）金玉良缘

意象解析

“金玉良缘”，以深情对望的鸟儿为原型创意制作，象征着美好的姻缘，寓意对喜结良缘的新人的美好祝福。此外，此花形还有第二个名字“哺育”，象征着父母对孩子的哺育之情。

金玉良缘折花步骤如图 2-68 所示。

分解步骤

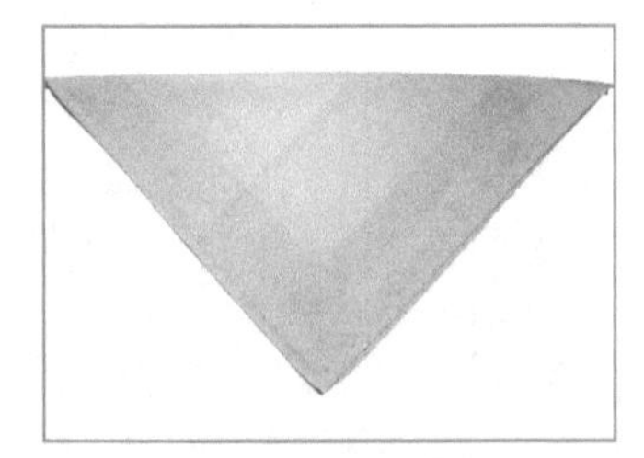
❶ 反面朝上，三角形对折

❷ 捏住左边巾角，推折成鸟尾

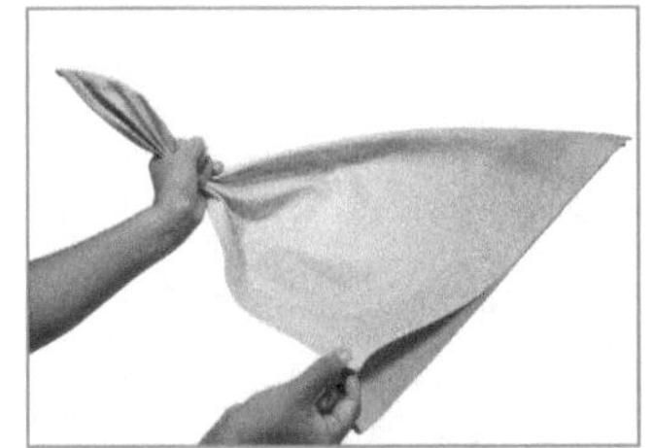
❸ 上层下巾角上提，备做鸟头

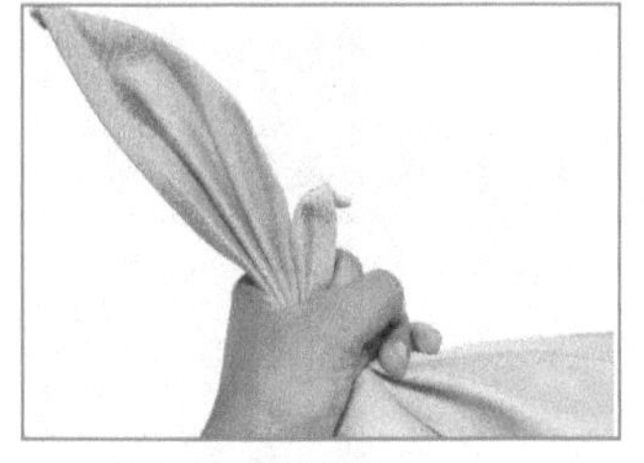
❹ S 形折叠，捏做鸟头

❺ 下层下巾角上提，捏做鸟头

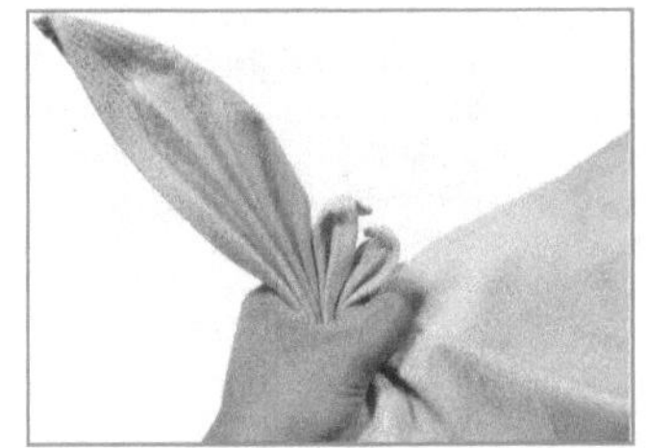
❻ 两鸟头相对，高低错落

| 图 2-68 | 金玉良缘折花步骤

⑦ 右巾角上提，备做鸟尾

⑧ 右鸟尾较小，与右鸟头连体

⑨ 理平剩余部分，准备包裹

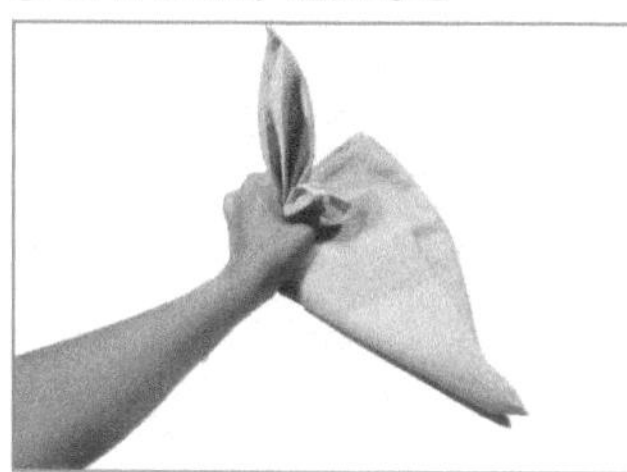
⑩ 左边向里翻折，准备包裹

⑪ 下边向上对折两次，准备包裹

⑫ 包裹成型，整理成型

⑬ 整理落杯，微调成型

金玉良缘折花视频

| 图 2-68 | 金玉良缘折花步骤（续）

（二十一）鹊上枝头

意象解析

“鹊上枝头”，以立于枝头欢唱的喜鹊为原型创意制作，象征着喜事临门。喜鹊，自古以来是吉祥的象征，古时有“画鹊兆喜”的习俗，喜鹊悦耳的叫声易使听者心情舒畅，意味着喜事临门。

鹊上枝头折花步骤如图 2-69 所示。

分解步骤

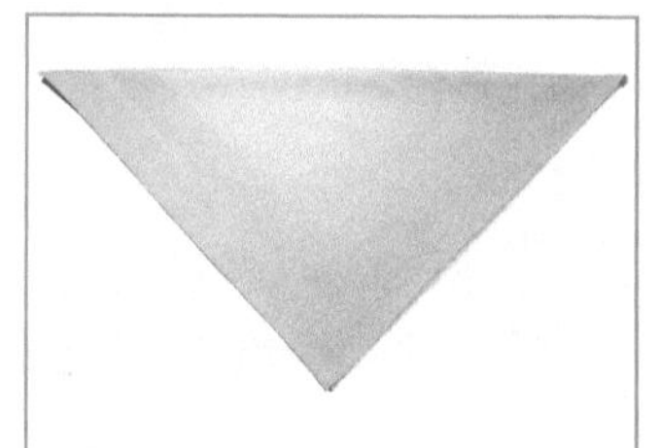
① 反面朝上，三角形对折

② 固定巾角一端，斜卷成枝

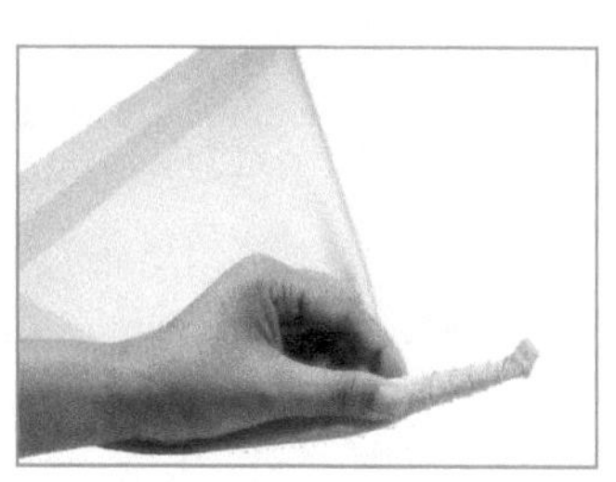
③ 卷紧卷细，6～7 卷为宜

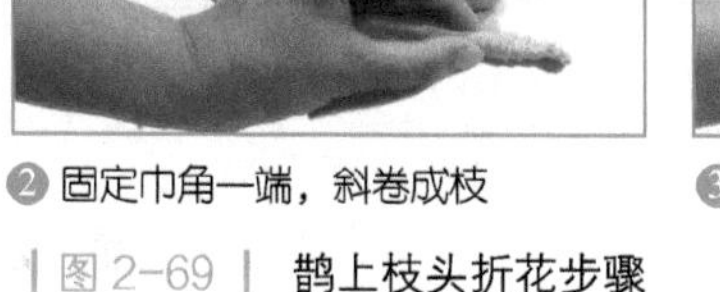

| 图 2-69 | 鹊上枝头折花步骤

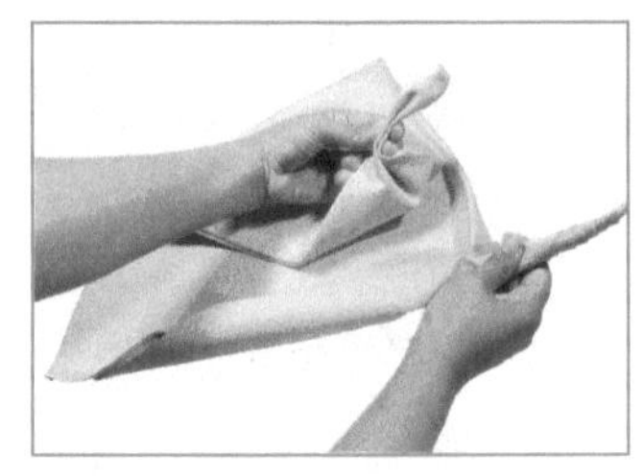

④ 左巾角上提，捏做鸟头

鸟头朝右，鸟嘴略朝上

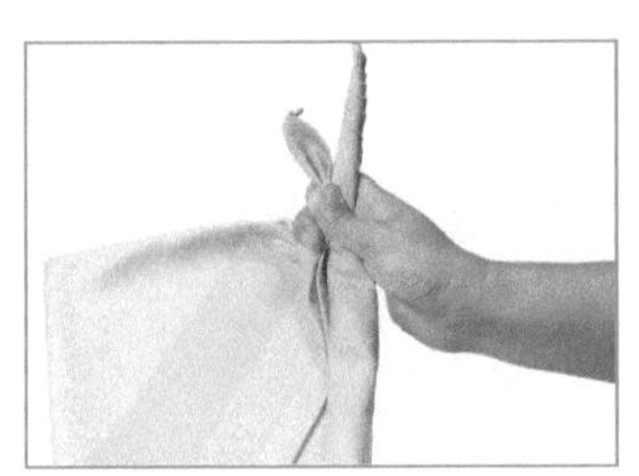

⑥ 两两相对，成 45° 角

⑦ 下巾角上提，备做鸟尾

⑧ 右下巾角上提成右鸟尾

⑨ 左下巾角上提成左鸟尾

鹊上枝头折花视频

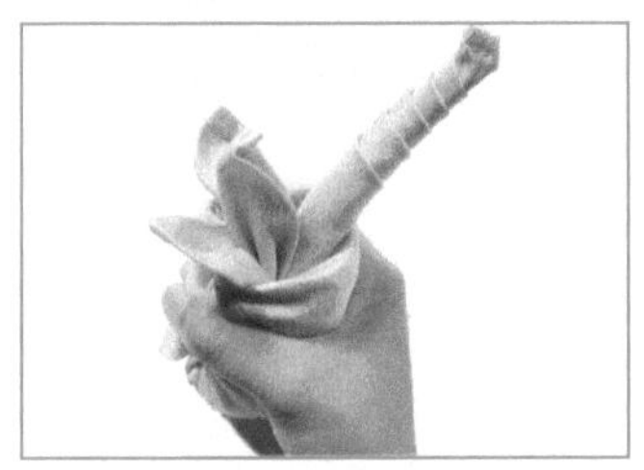

⑩ 理平剩余部分，包裹成型

⑪ 整理落杯，微调成型

| 图 2-69 | 鹊上枝头折花步骤（续）

（二十二）金枝玉叶

意象解析

“金枝玉叶”，以形状珍奇的鸟儿为原型创意制作，象征着尊贵、高贵的身份，寓意着身份的重要性和独一无二。

金枝玉叶折花步骤如图 2-70 所示。

分解步骤

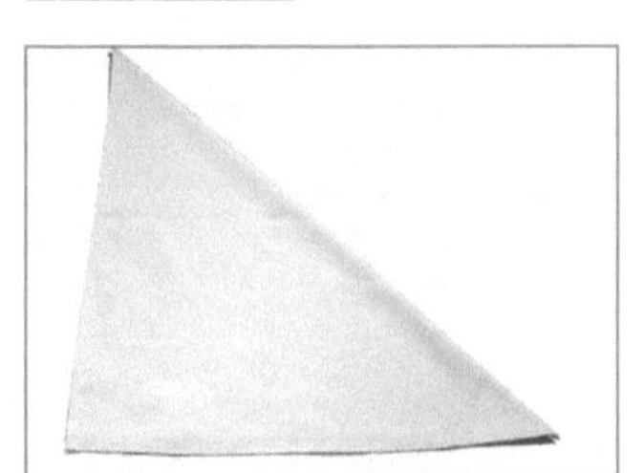

① 反面朝上，三角形对折

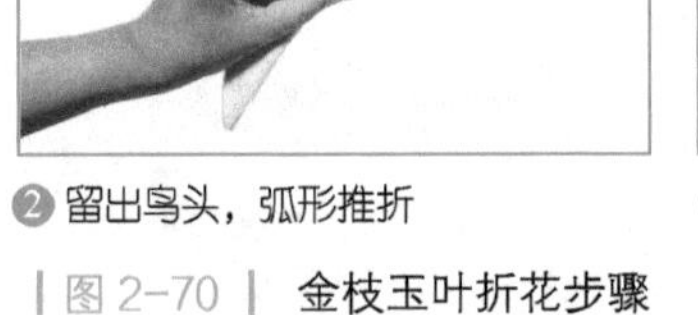

② 留出鸟头，弧形推折

③ 右手指定位，左手弧形推折

| 图 2-70 | 金枝玉叶折花步骤

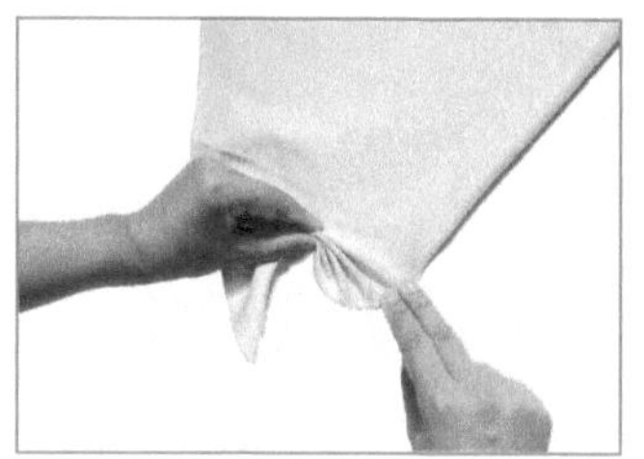

❹ 推折均匀，高度一致

❺ 中轴对称，尽量推圆

❻ 左右手互助，推折第二圆

❼ 左圆小，右圆大

❽ 左圆叠于右圆之上

❾ 右巾角捏做鸟头，鸟嘴向上

❿ 左巾角推折成鸟尾

⓫ 控制比例，整理成型

⓬ 理平剩余部分，准备包裹

⓭ 右边向里翻折，准备包裹

⓮ 下边向上翻折，准备包裹

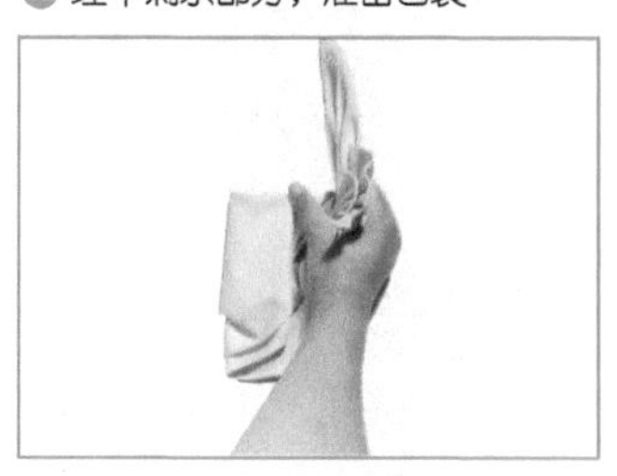

⓯ 二次向上翻折，准备包裹

⓰ 三次向上翻折，准备包裹

⓱ 包裹成型，整理鸟尾

⓲ 整理落杯，微调成型

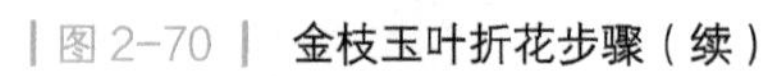

| 图 2-70 | 金枝玉叶折花步骤（续）

金枝玉叶折花视频

技法难点

金枝玉叶技法难点如图 2-71 所示。

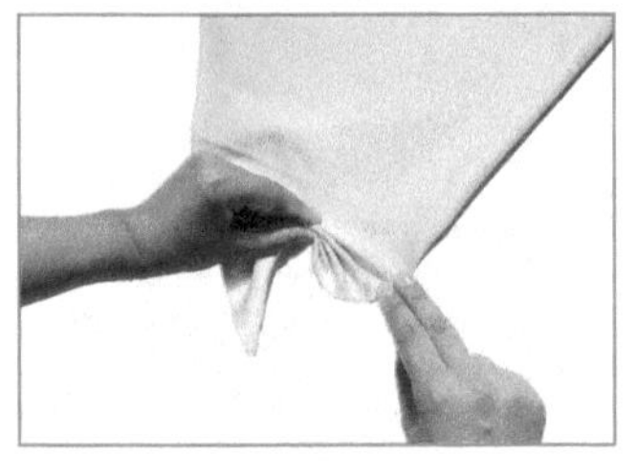

| 图 2-71 | 金枝玉叶技法难点

此花形关键在于第二圆的推折，第二圆推折时需左右手互助。右手拇指和食指捏住右圆，留出右中指帮助左手推折第二圆，以右中指定位第二圆。

（二十三）惊鸿艳影

意象解析

“惊鸿艳影”，以轻捷飞起的鸿雁为原型创意制作，形容女子轻盈艳丽的身影。“素妆淡服，丰神绝世，惊鸿艳影，湖水皆香”，寓意着对女性的追求和赞美之情。

惊鸿艳影折花步骤如图 2-72 所示。

分解步骤

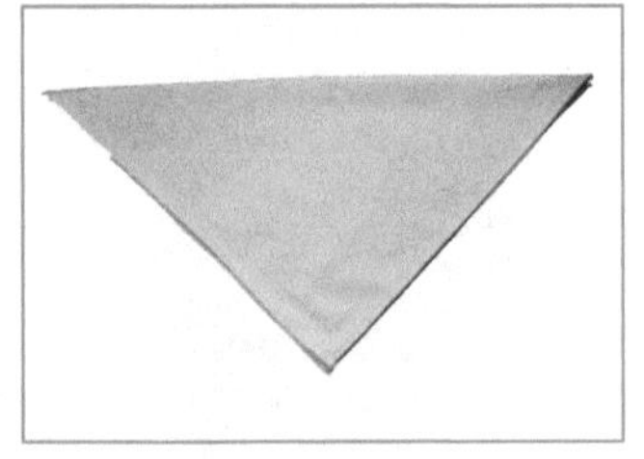

❶ 反面朝上，三角形对折

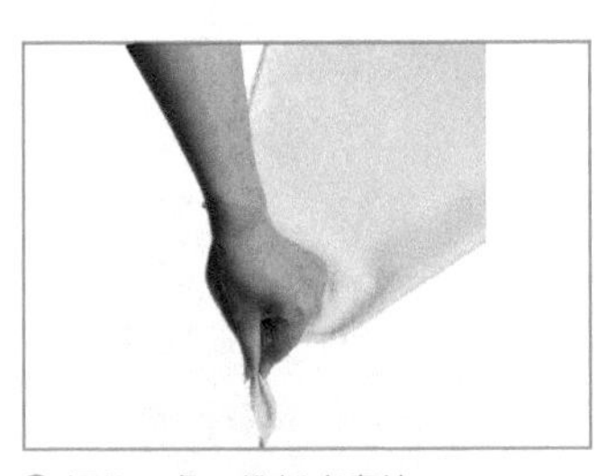

❷ 捏住一角，推折成鸟头

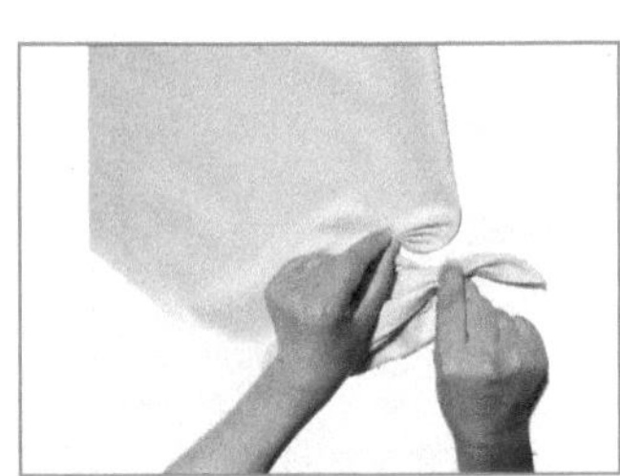

❸ 右手捏头，左右手互助弧形推折

❹ 中轴对称，弧形推折成圆

❺ 左巾角上翻，备做鸟尾

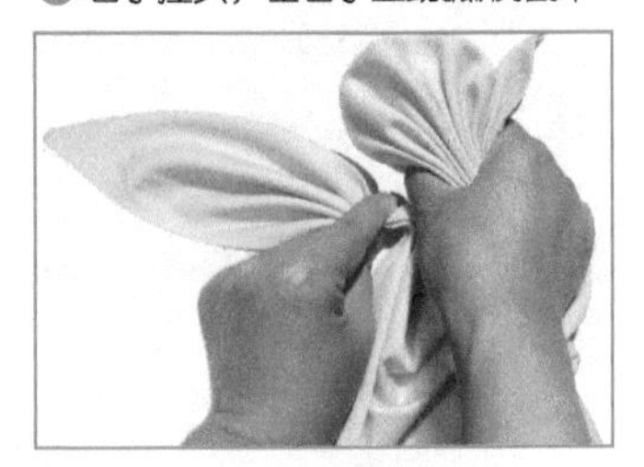

❻ 左手推折左巾角，捏做鸟尾

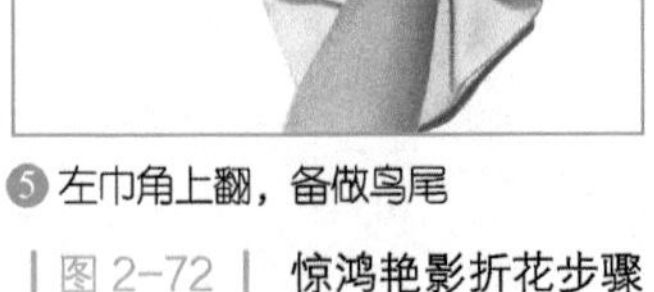

| 图 2-72 | 惊鸿艳影折花步骤

⑦ 控制比例，整理成型

⑧ 理平剩余部分，准备包裹

⑨ 右边向里翻折，准备包裹

⑩ 下边向上翻折，准备包裹

⑪ 二次向上翻折，准备包裹

⑫ 三次向上翻折，准备包裹

⑬ 包裹成型，整理鸟身

⑭ 整理落杯，微调成型

惊鸿艳影折花视频

| 图 2-72 | 惊鸿艳影折花步骤（续）

技法难点

惊鸿艳影技法难点如图 2-73 所示。

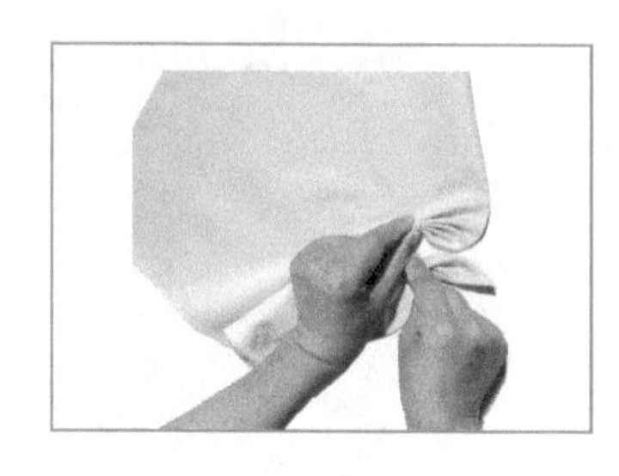

| 图 2-73 | 惊鸿艳影技法难点

此花形的关键在于两点：其一，推折成圆时，需左右手互助，右手拇指和食指捏住鸟头，并协助左手弧形推折；其二，成型后调整花形，使鸟头被围于圆形之内。

（二十四）倦鸟归巢

意象解析

“倦鸟归巢”，以雌雄双鸟和鸟巢为原型创意制作，比喻疲倦的鸟儿飞回家休息，象征着对家的向往和追求，寓意着家庭的美好和家的温馨舒适。

倦鸟归巢折花步骤如图 2-74 所示。

分解步骤

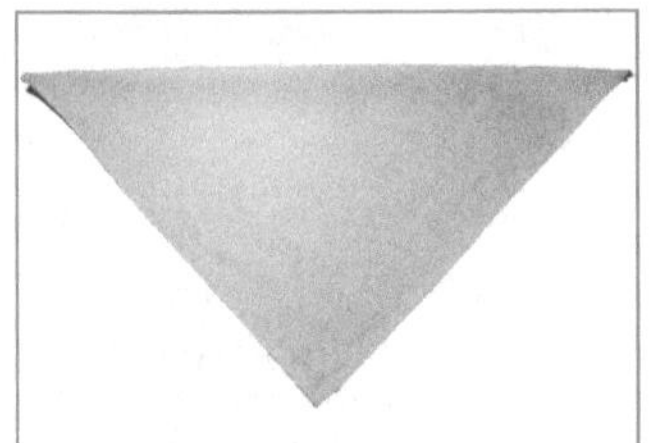

❶ 反面朝上，三角形对折

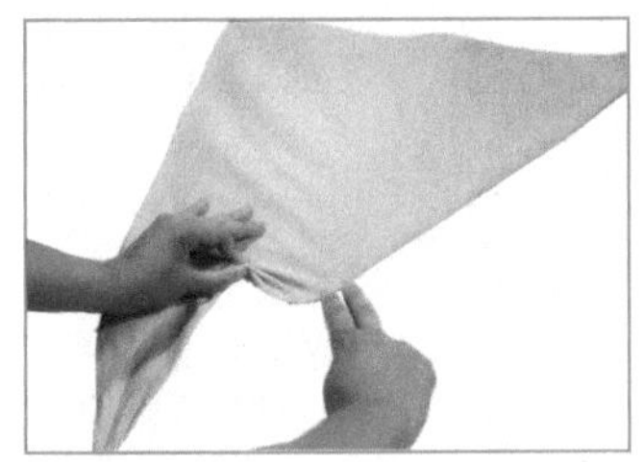

❷ 右手指定位，沿中心弧形推折成圆

❸ 中轴对称，弧形推圆

❹ 两端剩余相等，备做鸟头

❺ 右巾角上提，捏做鸟头

❻ 左巾角上提，捏做第二鸟头

❼ 两鸟头背对，高低错落

❽ 两鸟头叠放于圆中心

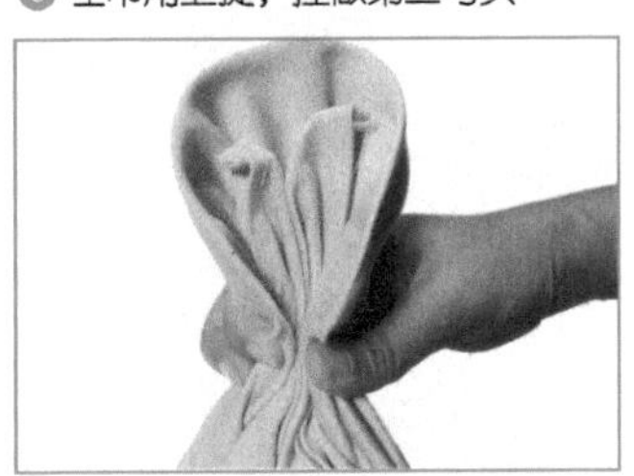

❾ 以圆包裹鸟头，鸟头居中

❿ 理平剩余部分，准备包裹

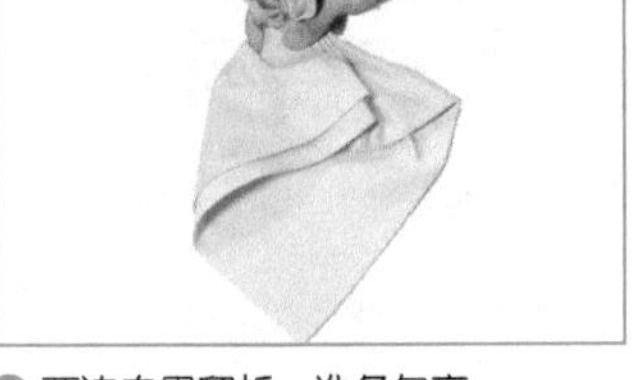

⓫ 两边向里翻折，准备包裹

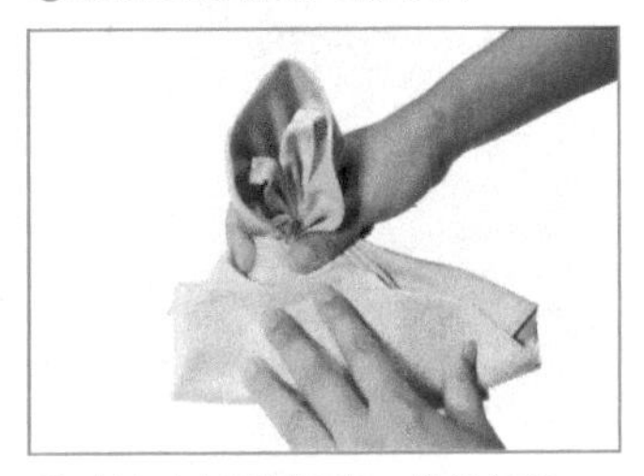

⓬ 底边向上对折两次，准备包裹

| 图 2-74 | 倦鸟归巢折花步骤

⑬ 三次向上翻折，包裹成型

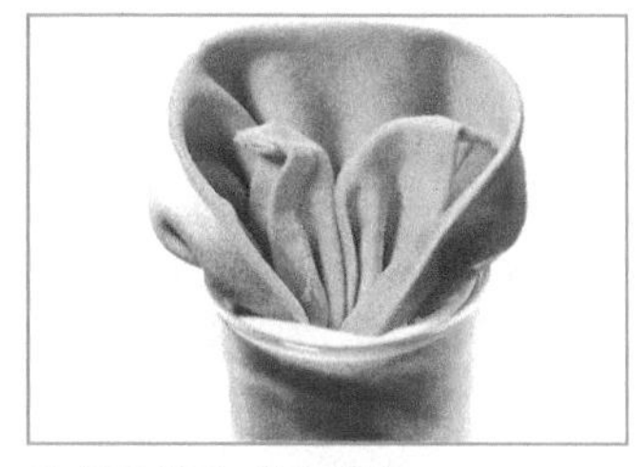

⑭ 包裹成型，整理鸟身

⑮ 整理落杯，微调成型

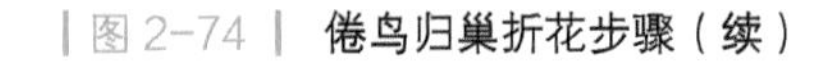

图 2-74　倦鸟归巢折花步骤（续）

倦鸟归巢折花视频

技法难点

倦鸟归巢技法难点如图 2-75 所示。

图 2-75　倦鸟归巢技法难点

此花形关键在于两点：其一，捏做第二鸟头时需左右手互助，两鸟头叠放入圆时，鸟头不能高于圆边；其二，成型后需耐心摁压圆边成“鸟巢”。

（二十五）国色天香

意象解析

“国色天香”，以牡丹和留恋于边上的鸟儿为原型创意制作，象征容貌美丽、姿态曼妙的女子，比喻女子的相貌天姿国色、倾国倾城，后引申为艳领群芳和尊贵的地位。

国色天香折花步骤如图 2-76 所示。

分解步骤

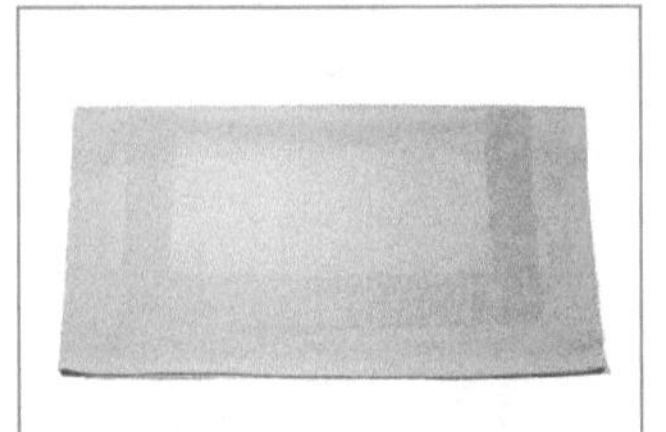

❶ 反面朝上，矩形对折

❷ 捏住巾角一端，斜推至上端中心

❸ 推折均匀，高度以 1.5 cm 为宜

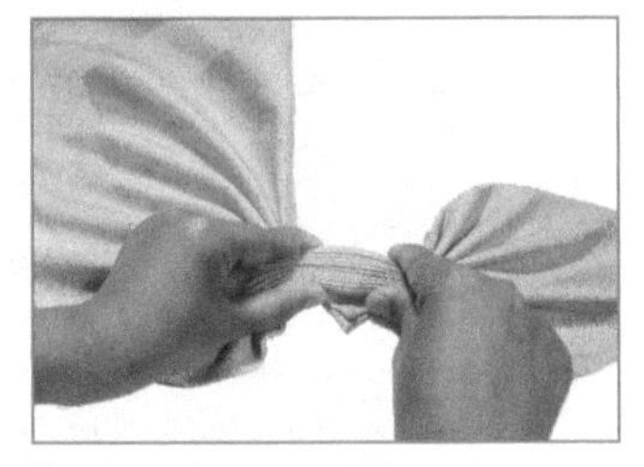

❹ 双手捏紧，折痕明显

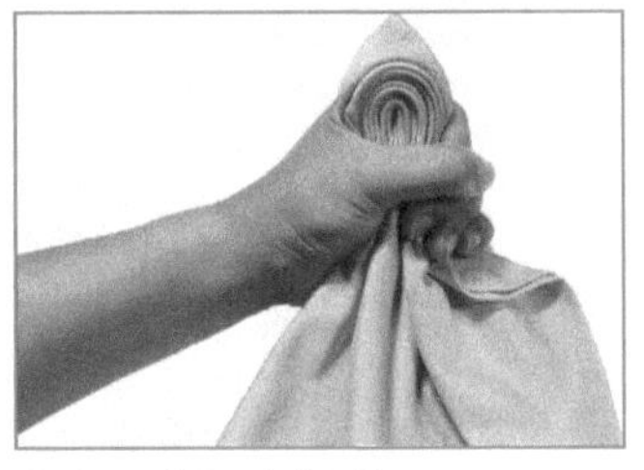

❺ 向下对折，中心对称

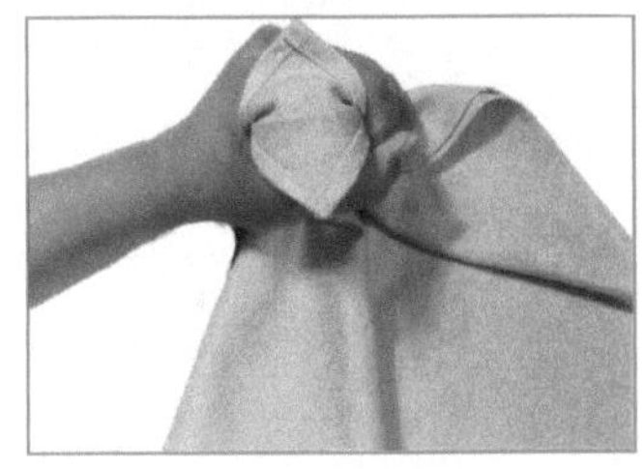

❻ 左边上层巾角右翻成叶

❼ 左手捏紧，右手层层外翻

❽ 理平剩余部分，备做鸟头鸟尾

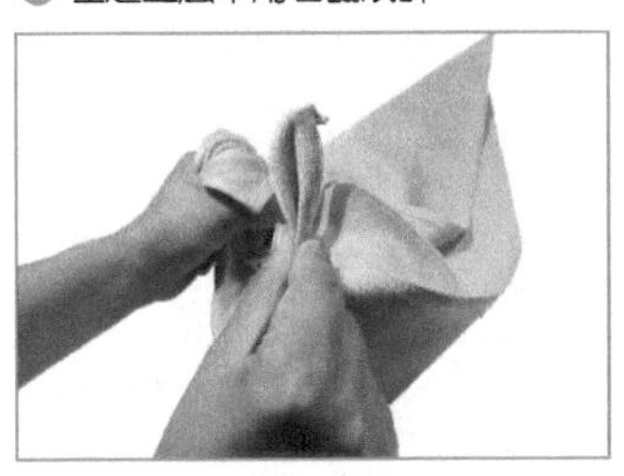

❾ 左巾角上提，捏做鸟头

❿ 头侧放，下端理平

⓫ 推折右巾角，捏做鸟尾

⓬ 调整比例

⓭ 调整花蕊，整理花边

⓮ 整理落杯，微调成型

国色天香折花视频

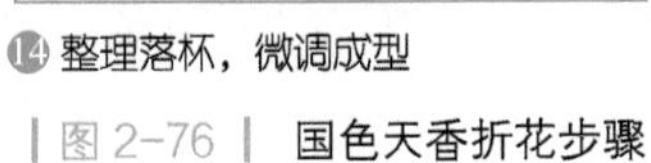

| 图 2-76 | 国色天香折花步骤

技法难点

国色天香技法难点如图 2-77 所示。

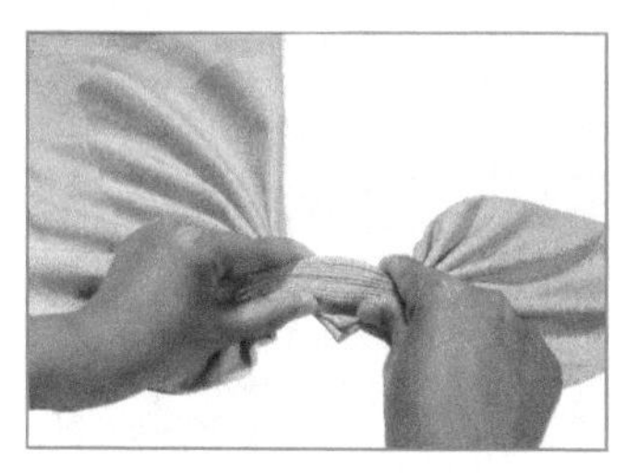 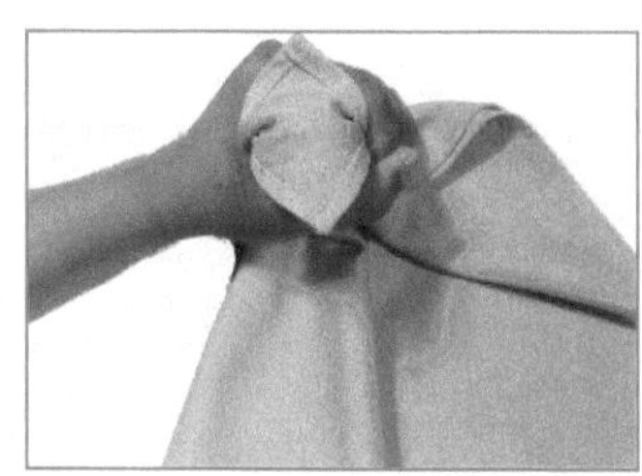 

| 图 2-77 | 国色天香技法难点

此花形关键在于花蕊的层次感，要使花蕊层次感明显，关键在于两点：其一，推折时推折高度适宜，应以 1.5 cm 为宜，推折高度一致，推折均匀紧致；其二，外翻花蕊时，手指力度适宜，左右交替外翻，为使外翻容易，推折时，折痕一定要明显。

第三章

匠心独运　赏餐巾

第一节 《蝶变》

主题创意说明

这个作品名叫《蝶变》，灵感源自一位毕业生的来信。信中，她讲述了她在职高的蝶变过程，情感细腻，触动人心。我们相识于餐巾折花课上，于是我用创意餐巾折花的方式将她的故事加以演绎。下面请允许我以学生的身份结合这个作品来介绍她的蝶变故事。

我带着中考的失落进入职高，却让我意外地重获新生。我如春芽破土而出，感受阳光的温暖、微风的轻抚。虽然我像一只蜗牛前行得很慢，但是我也渴望破茧成蝶去探寻花的芬芳。有时，我感觉自己像一只小鸟，在职高这个温暖的巢穴里，老师的细心孵育，让我茁壮成长。慢慢地，我如同开屏的孔雀般变得越来越自信。我努力学习，一路成长，积蓄足够的力量让自己展翅高飞，让我的人生如同花儿一样绚烂绽放。

这个作品不仅是纪念学生的成长历程，更是用来时刻提醒自己，身为一名教师也要不断地蝶变成长，才能有足够的能力给予孩子们更多的帮助。在此也将这个作品送给每一位心怀梦想、努力前行的人们。

《蝶变》作品欣赏如图 3-1 所示。

作 品 欣 赏

作品主题：蝶变

设计者：宁波建设工程学校　汪旭琦

《蝶变》主题折花视频

| 图 3-1 | 《蝶变》作品欣赏

设计元素解析

整个作品我选择了米白色的餐巾布，代表着那位女孩儿的纯洁和温暖的柔情。墨绿色的丝绒台布寓意学生在青葱岁月里的勃勃生机。逐级增高的博古架代表着女孩一步步的成长与蜕变。一组白色蝶蛹状的花瓶与《蝶变》主题进行很好的呼应。而在这不起眼枝条上长出的紫色玉兰给人以惊艳与意想不到之感，恰似这位女孩给我们带来的感动与惊喜。而紫色又提亮了整个台面。在台面上还错落有致地摆放了一组大小不同的蝴蝶，寓意着在职高这个温暖的大家庭里，有更多独特的孩子破茧成蝶，书写着他们各自的故事。

《蝶变》主题花形赏析如图 3-2 所示。

主题花形赏析

| 图 3-2 |　《蝶变》主题花形赏析

第二节 《秋·语》

主题创意说明

秋分时节，全国处处五谷丰登，广大农民共庆丰年、分享喜悦。

2018 年，我国新增了一个举国同庆的节日：中国农民丰收节。这一天，正值农历秋分。以节气设节日，体现了国家对于节气文化的敬意与传承。

一花一语一节气，这一作品，以中国农民丰收节为基点、时间为轴、秋语为题，提取秋季六节气的物象特征，将大自然的景象创作成形并赋予意境。整个作品，以立秋的一叶知秋拉开序幕；以处暑的鹰隼捕鸟、白露的蒹葭舞秋写意秋的热烈；以秋分的祭月庆贺秋的丰收；最后以寒露、霜降时节的倦鸟归巢呈现秋的暮色，秋生新芽展现生命的新生。

《秋·语》，从形创到意创，从花形到花形背后的节气文化，既写意了秋的节气意境，又饱满了指尖上的餐巾艺术；作品制作结合信息化，转化为二维码，又增强了餐巾艺术的互动与传播。

《秋·语》作品欣赏如图 3-3 所示。

作品欣赏

| 图 3-3 | 《秋·语》作品欣赏

《秋·语》主题折花视频

作品主题：秋·语

设 计 者：奉化区工贸旅游学校　毛金春

设计元素解析

《秋·语》，以秋天的中国农民丰收节为基点、时间为轴、秋语为题，提取秋季六节气的物象特征，将大自然的景象用餐巾创作成形。通过这一作品，传达餐巾文化，赋予餐桌上更多的节气文化意境，是我的作品设计元素的主轴。

整个作品，以秋天的代表色“黄色”为主基调。台面选用金黄色台布铺底，以秋季六节气时间轴画布进行装饰，渲染主题；餐巾布选用米白色纯棉布，并印有金黄色树叶图案进行点缀，突显主题；插花选用秋冬季的菊花和小雏菊为主花，配以枯枝条进行点缀，衬托秋的气息；装饰物选用古时装米用的“米缸”进行点缀，装以金灿灿的稻谷烘托氛围，缸上贴上“丰”字，以深化秋季“中国农民丰收节”这一主题，呈现秋的景象与喜悦。

《秋·语》主题花形赏析如图 3-4 所示。

主题花形赏析

图 3-4　《秋·语》主题花形赏析

第三节 《求圆得真》

主题创意说明

这个作品设计主题是“求圆得真”。圆，象征着圆满和谐，是中华民族崇尚的图腾。求圆是我的目标，得真则是我想要的结果。

我将圆形融入餐巾折花的创意设计中。用掰、穿、卷、翻、折、捏等多种技法展现出圆形、半圆形、扇形的餐巾花，形象逼真，寓意不可能有绝对的圆，但可以有一系列的真。我用花好月圆、比翼双飞、花开富贵来象征自然的美好与圆满；用小鸟啄木、母子情深、生命轮回来表现生命的真实与真情；用棉质餐巾、竹木器具和植物染色来体现自然的本真。整个台面高低错落、疏密有致，营造了和谐的氛围。

我求圆，并非仅仅为了圆，更想以圆感受人生。我们的人生如圆，从起点到终点，终点又回到起点，所以平平淡淡才是真。圆也是做人的态度，以出世之心做入世之事，才会使生命更真实，也才能让我们的人生更加从容、快乐、豁达。

《求圆得真》作品欣赏如图 3-5 所示。

作品欣赏

| 图 3-5 | 《求圆得真》作品欣赏

作品主题：求圆得真

设 计 者：宁波建设工程学校 王碧瑜

《求圆得真》主题折花视频

设计元素解析

中国传统文化的融入是我设计元素的核心思想。

餐巾布、装饰布是由中国传统染色技艺——草木染中的蓝染完成。

竹筒插花是中国传统插花中的一种。

餐巾折花的花形是将花鸟鱼虫通过掰、穿、卷、翻、折、捏等多种技法展现出来。

植物染色的装饰布，配以竹木器具、栩栩如生的餐巾折花，展现呼之欲出的生命力。本设计最大的特点是深蓝色的装饰布和点染的餐巾布，每一张餐巾布根据花形进行染色，染料取自于自然界的植物板蓝。跟着草木染非遗传承人，我尝试染色，看着餐巾布从白到黄再到青最后变成蓝色，我亲眼看到了古语中“青出于蓝而胜于蓝”的原始出处。惊喜之余我看到了非遗传承人秉持本真的工匠精神，深受启发的我想把这个“真”带到餐巾折花中，让我的餐巾布既环保又花形逼真。将传统染色技艺融入现代餐巾折花中，配上素雅的沉木几架，辅以竹筒插花、中国书法突显主题，桌面氛围和谐而有中国味道。

大道至简，向素而从简。蓝色的素雅，逼真的鸟儿、花儿，仿佛回归自然，追求了生命的圆满和本真。

《求圆得真》主题花形赏析如图 3-6 所示。

主题花形赏析

图 3-6　《求圆得真》主题花形赏析

第四节 《一路繁花似锦》

主题创意说明

古老的海上丝绸之路自秦汉时期开通以来，一直是沟通东西方经济文化交流的重要桥梁，具有深远的历史意义。本次创意主题的灵感就来源于海上丝绸之路沿线国家的国花或国鸟。

首先，从装饰物来看，一艘宝船整装待发，将中国的丝绸、茶叶、陶瓷输送到世界各地，突出主题。

其次，从布草的选择来看，台面选用了深蓝色台布，暗示着宝船在大海中毅然前行；波浪翻滚的桌旗在诉说着海上丝绸之路的艰难和船员的无畏；同时也说明只要坚定信念，勇于拼搏，人定胜天。

最后，海上丝绸之路是国家开放的一种体现，2018 年也是我国改革开放 40 周年。在这 40 年中中国发生了翻天覆地的变化，相信在中国共产党的带领下，中国能继续一路百花齐放、繁花似锦。

《一路繁花似锦》作品欣赏如图 3-7 所示。

作 品 欣 赏

《一路繁花似锦》主题折花视频

| 图 3-7 | 《一路繁花似锦》作品欣赏

作品主题：一路繁花似锦

设 计 者：宁波商业技工学校　赵华江

设计元素解析

本次设计是以丝绸之路沿线主要国家的国花和国鸟为灵感。比如，印度的国花为荷花，所以设计了“出水芙蓉”；孟加拉人民共和国的国鸟是鹊鸲，所以设计了“喜鹊唱枝”。再如印度尼西亚的茉莉清香、肯尼亚的空谷幽兰、我国宁波的山茶争艳、斯里兰卡的原鸡漫舞、土耳其的歌鸫觅食、埃及的雄鹰展翅、巴基斯坦的石鸡栖枝。

《一路繁花似锦》主题花形赏析如图 3-8 所示。

主题花形赏析

| 图 3-8 |　《一路繁花似锦》主题花形赏析

第五节 《白露·雁南飞》

主题创意说明

本次创意折花的主题是白露·雁南飞。

以米白色和浅蓝灰作为本次折花的主色调，将凉凉秋意铺陈而开。这个台面展现的正是一群大雁在领头雁的带领之下南归的景象。

本次创意折花的灵感主要来源于二十四节气中的白露时鸿雁南飞，而我感受到更多的是思念与团圆。

倦鸟归巢，游子归家，从此“露从今夜白，月是故乡明”。

《白露·雁南飞》作品欣赏如图 3-9 所示。

作品欣赏

| 图 3-9 | 《白露·雁南飞》作品欣赏

《白露·雁南飞》主题折花视频

作品主题：白露·雁南飞

设 计 者：宁波市甬江职业高级中学 孙妍丽

设计元素解析

本次创意折花的意蕴由十朵餐巾花名组成：大雁南飞，小圆满；倦鸟归巢，大团圆；望穿秋水，回乡路；比翼双飞，同心圆；心花怒放，迎客松。

比如，倦鸟归巢，将一只燕子在巢中安然自得的形态展现出来；大团圆，以植物花朵、花枝、花蒂并存，象征三代同堂的团圆之景。比翼双飞，两只鸟首尾幻化为一体，呈现出爱心的造型，把“夫妻双双把家还”的情景呈现出来；同心圆，夫妻和美、同心同德的爱意立马扑面而来。

犹记得那句“蒹葭苍苍，白露为霜。所谓伊人，在水一方”。一年中最可人的季节，蓝天白云，黄叶起舞。

《白露·雁南飞》主题花形赏析如图 3-10 所示。

主题花形赏析

| 图 3-10 | 《白露·雁南飞》主题花形赏析

第六节 《丝路听潮》

主题创意说明

张骞西行，郑和扬帆，“一带一路”，世纪传承，穿越历史的风土人情、神秘古丝绸之路的前世今生……随着习近平主席“一带一路”倡议的提出，绵延千年的古丝绸之路也得到了复兴，泽遗百代的丝路之光照进寻常百姓的视线。

整个作品汲取了海上丝路的各种元素，主基调定于蓝色和白色，不仅围绕着海洋的魅力色彩，而且衬托了听潮人的心境，以青花为国之粹、海之睛。

《丝路听潮》作品欣赏如图 3-11 所示。

作品欣赏

图 3-11 《丝路听潮》作品欣赏

《丝路听潮》主题折花视频

作品主题：丝路听潮

设 计 者：宁波东钱湖旅游学校 黄芳

设计元素解析

《丝路听潮》的主体部分是由大小不等的棱锥加上一高台圆盘搭建而成的，整体喷以靛青色调，外面缠上了青花瓷纹样的丝绸，寓意似海上仙山，又仿佛是过境的千帆。圆盘的底部则用茴香、桂皮、花椒等浇筑铺成，意指丝绸之路所运输的各种香料等。

台面上的 10 个餐巾花形态各异，高低错落有致，栩栩如生。取名思路也是紧紧围绕主题创想而成，不仅有海上船舶、碧空仙鹤，而且有海畔琼花、海底珍宝，整个画面和谐生动，又宁静悠长，与整个作品古色古香又不乏灵动的气息吻合得恰到好处。

《丝路听潮》主题花形赏析如图 3-12 所示。

主题花形赏析

| 图 3-12 |　《丝路听潮》主题花形赏析

第七节 《竹宴》

主题创意说明

翠云梢云自结丛，轻花嫩笋欲凌空。我很喜欢竹子，竹子枝干挺拔修长，四季青翠，凌霜傲雪。特别喜欢雨后翠竹的神韵，那是一种娇翠欲滴、引人遐思的韵味。每个人都有一段竹子情节：不管是关于纯美爱情的“青梅竹马，两小无猜”，还是“心虚节坚、坚韧不拔、风度潇洒”的君子美誉，或是“无肉令人瘦，无竹令人俗”的偏执溺爱——竹子作为一种特殊的质体，已渗透至我们生活和精神的各个方面。

热爱竹子的人，他们孤傲高洁抑或谦和儒雅；他们淡泊宁静抑或志存高远；他们诗意浪漫抑或一诺千金。他们有着与众不同的眼光，他们远离尘俗、热爱自然。是他们传承起优秀传统价值，是他们构建起现代中国精神。他们是我心目中的谦谦君子。竹子是刻入中国人灵魂深处的精神图腾，是对中国人影响最大、最深刻的植物之一。世界繁杂喧嚣，总有一扇门通往我们的灵魂，在那竹林深处。

《竹宴》作品欣赏如图 3-13 所示。

作品欣赏

图 3-13 《竹宴》作品欣赏

《竹宴》主题折花视频

作品主题：竹宴

设 计 者：宁波建设工程学校 陈丹

设计元素解析

整个台面紧紧围绕“竹”字，台布采用拼接工艺，中间是白底、绿色的竹子水墨画，好似久盼滋润的翠竹张开怀抱，尽情地接受春雨的温柔沐浴。竹子，婆娑有致，清秀素洁，节坚心虚，值霜雪而不凋，历四时而常茂，亭亭玉立有君子之风。历代文人墨客皆喜画竹，以竹寄情，以竹抒怀，以竹言志，所以台布四边选用了有关竹子的诗词图案，竹宴主题一目了然。

台布上面的装饰布选用了绿色，因竹的色彩是绿色的，给人以生机。

疏疏斜阳疏疏竹，竹为文人最爱，竹筒花器更是文人重要的花器。在竹筒上插上兰花、跳舞兰，不仅紧扣主题，更为整个台面营造生机。

为了突显十朵餐巾花，我选用的是淡黄色的餐巾，黄绿搭配，给人清爽、生动的感觉。十朵餐巾花主要描写的是竹林深处的画面，青青幼竹、成年竹子、鸟语花香、孔雀漫步，一幅悠然自得的场景。感受万物，徜徉天地。

最后，我用两片竹片，一片上面刻了“竹宴”两字，一片上面自创了一首诗，画龙点睛，提示主题。

《竹宴》主题花形赏析如图 3-14 所示。

主题花形赏析

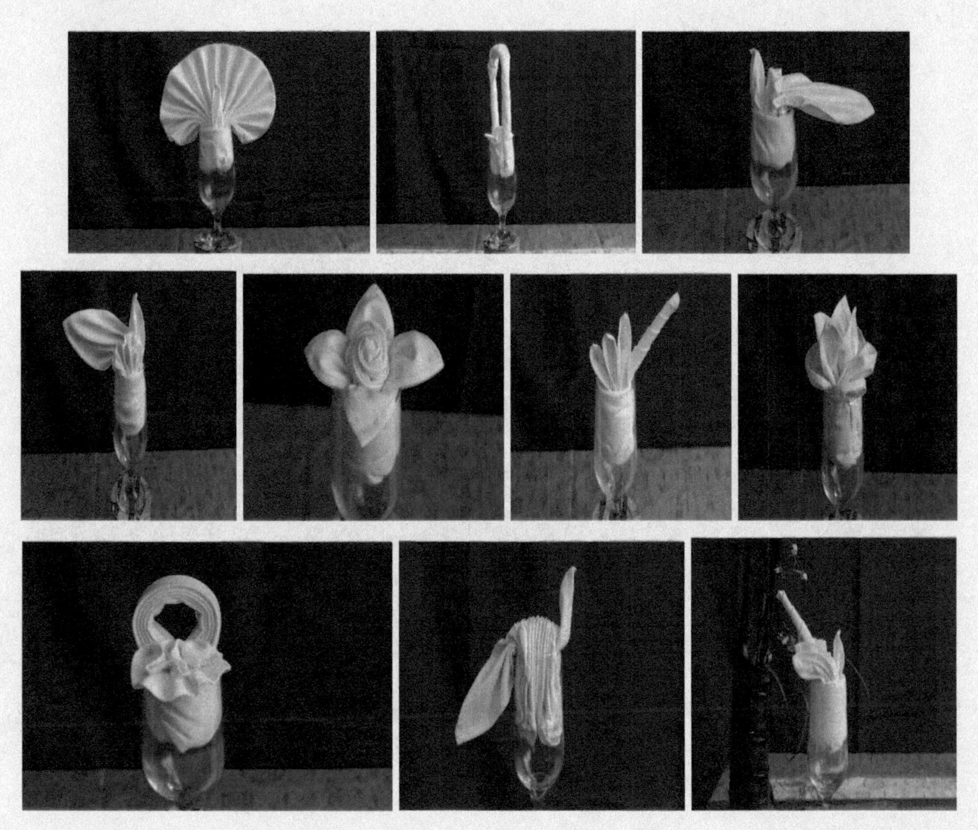

| 图 3-14 | 《竹宴》主题花形赏析

第八节 《岩中花树》

主题创意说明

“你未看此花时，此花与汝心同归于寂；你来看此花时，则此花颜色一时明白起来，便知此花不在你的心外。”王阳明先生的这段经典语录是我的创意源头，而“岩中花树”成了本次餐巾花摆台的主题。

餐巾花以时间为轴，分童年、少年、青壮年、晚年四个场景寓意了阳明先生成为圣人的足迹：神鸟、大象，寓意童年时先生出生异象、少有才情；一株翠竹，说尽格竹往事；心形、官帽、莲花、祥鸟，写意先生青壮年龙场悟道、逢凶化吉、文武双全；兰花、一双鸟儿，象征先生晚年讲经中天阁。这是先生一生：武可安邦定国，文有千古心学。

岩中花树，是心学重要典故，花鸟餐巾花展示阳明先生成为圣贤的一生，两相对应，暗示宾客注重心灵感受非常重要。唯有心明，才能眼亮，扫尽心灵的尘埃，看清他人、看清本质、看清未来。

总而言之，心既是道，道又是德，道德法用就是厚德载物。

《岩中花树》作品欣赏如图 3-15 所示。

作品欣赏

作品主题：岩中花树
设 计 者：余姚市职成教中心学校
邹红芳

| 图 3-15 | 《岩中花树》作品欣赏

《岩中花树》主题折花视频

设计元素解析

当脑海里跃过“王阳明”这个名字时，您再看这十朵花、四处景，是否也可以联想到先生的一些传说、经历？《岩中花树》主题餐巾折花在餐桌布置、器具选用、主题命名等方面都进行了精心设计，通过十朵餐巾花表达了先生文韬武略的一生：武可安邦定国，文有千古心学。

主题背景是由远山、姚江、瑞云楼组成的一幅中国山水画布。餐桌装饰布选择深蓝色，餐巾花布选择白色，两种色调搭配呈现出的雅致、纯洁、端庄、大气都与阳明先生的身份相匹配。器具选用的是影青色青瓷，简洁而不失高贵。主题命名源自心学重要典故和阳明先生的经典语录。主题餐巾花选用神鸟、大象、翠竹、心形、官帽、莲花、祥鸟等，写意阳明先生的一生。

结合先生的心学和丰功伟绩，创意摆台无不说明“心灵建设”的重要性。唯有心明，才能眼亮，扫尽心灵尘埃，看清他人、看清本质、看清未来。心学从本质上直接点明了人生着力处在于心灵，拥有伟大心灵，方能晦养厚积，奉道而行，锐不可当。而先生的成功，验证了着力心性修炼的正确性。

《岩中花树》主题花形赏析如图 3-16 所示。

主题花形赏析

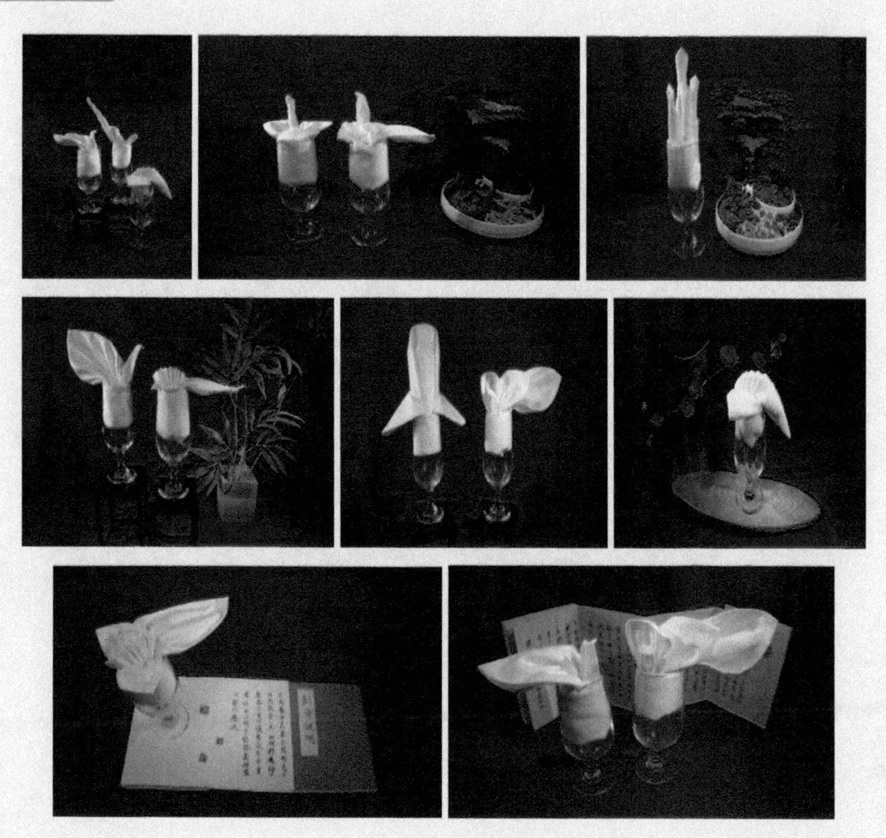

| 图 3-16 | 《岩中花树》主题花形赏析

第九节 《除夕宴》

主题创意说明

我的餐巾折花设计主题是“除夕宴”。

“爆竹传声又岁除，流年不驻隙中驹”，除夕作为中国传统节日，越来越受到大家的重视，并有除夕夜全家欢聚一堂共享家宴的习俗。

为切合主题，在设计上选用红色系餐巾布，以营造吉祥喜庆的气氛。餐巾花形采用形态各异的鸟类，它们三五成群，高低错落。在布局上则有意识地让鸟面向中心，体现百鸟争鸣、团团圆圆的热闹场景，并用中国传统插花作为点缀，以更进一步突出这一主题。

“除夕宴”餐巾花旨在展现中国传统文化的魅力，唤醒我们对传统节日的珍视，增强民族自豪感。

《除夕宴》作品欣赏如图3-17所示。

作品欣赏

| 图3-17 | 《除夕宴》作品欣赏

《除夕宴》主题折花视频

作品主题：除夕宴

设 计 者：宁波市北仑职业高级中学　章丽丽

设计元素解析

中国传统节日的融入是我设计元素的核心思想。餐巾布则选用中国人过春节喜用的红色，并点缀中式插花——篮花，对角的篮花点缀更突出主题。

餐巾折花的花形选用的都是鸟类，以体现百鸟争鸣、除夕团圆之意。一张正方形的布，通过折、卷、翻、捏等技法，实现了从无到有、从雏形到精致的蜕变，呈现出十只形态各异的鸟儿。

整个台面的设计，采用多元的中国传统文化，用天然风化木树根作为几架，搭配中国传统插花艺术，辅以中国书法，更深化了餐巾花的主题。

《除夕宴》主题花形赏析如图 3-18 所示。

主题花形赏析

| 图 3-18 |　《除夕宴》主题花形赏析

第十节 《荷塘月色》

主题创意说明

《荷塘月色》这一作品灵感来源于朱自清的散文《荷塘月色》。“曲曲折折的荷塘上面，弥望的是田田的叶子。叶子出水很高，像亭亭的舞女的裙。层层的叶子中间，零星地点缀着些白花，有袅娜地开着的，有害羞地打着朵儿的；”。以文为线索，取荷塘美景创意制作。

整个作品的花形，以“圆”为主线展开创意，呈现了荷花从“小荷才露尖尖角”到“亭亭玉立”的成长状态。中间配以虫鸟花形进行衬托，以烘托荷塘的生机和灵动。

作品的核心元素为“圆”，“圆”是中华民族传统文化的形态象征，象征着“圆满”和“饱满”，浸透着中华民族最朴素的哲学，圆则满，满则圆，心有圆满便安宁不争，便以和为贵。本作品取名为“荷塘月色”，有着“花好月圆”的美好寓意。在繁忙工作之余，徒步于塘前，细品一塘月色，暗藏了对恬静生活的一种向往。

《荷塘月色》作品欣赏如图 3-19 所示。

作品欣赏

图 3-19 《荷塘月色》作品欣赏

《荷塘月色》主题折花视频

作品主题：荷塘月色

设 计 者：宁波市北仑职业高级中学　王琴璐

设计元素解析

《荷塘月色》这一作品围绕荷塘和月色这一情境展开设计。台面选用墨绿色绒布进行衬托，以衬托荷塘的郁郁葱葱，体现绿水之趣；餐巾布选用白色棉制餐巾，以呈现“淡淡月色之下，脉脉流水之上”的皎洁荷叶之美。

整个作品以墨绿色和白色为主色调，对比明显，更能渲染荷塘月色这一主题，更能呈现月色下荷塘的静谧。

《荷塘月色》主题花形赏析如图 3-20 所示。

主题花形赏析

图 3-20 《荷塘月色》主题花形赏析

反侵权盗版声明